LARS WILKER

Basic

Spinnen

98 ARTEN
einfach
und sicher
erkennen

KOSMOS

Schnell zur richtigen Art mit dem **KOSMOS-FARBCODE**

FÜR DEN KOSMOS-FARBCODE wurden die Spinnentiere in 3 Gruppen zusammengefasst – das soll es dir erleichtern, die richtige Art zu finden. Die Gruppierung folgt nicht der zoologischen Systematik, sondern orientiert sich daran, ob der Körper ein- oder zweigliedrig ist und ob für den Beutefang ein Netz gebaut wird oder nicht. Spinnentiere sind mit ca. 110 000 Arten die zweitgrößte Gruppe der Gliederfüßer. Innerhalb der Spinnentiere bilden mit je etwa 50 000 Arten die Milben und die Webspinnen – oder kurz Spinnen – die größten Gruppen. Den Schwerpunkt dieses Buches bilden die Spinnen, die mit fast 1000 Arten in Deutschland vertreten sind. Spinnentiere lassen sich einfach daran erkennen, dass sie 8 Beine haben und keine Fühler, sondern Kiefertaster besitzen.

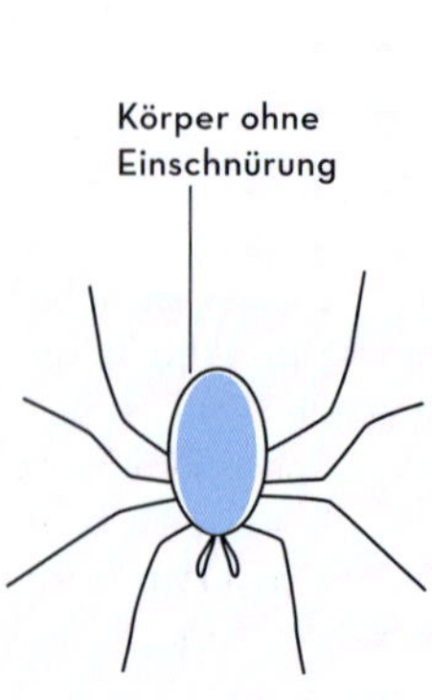

SEITE 4 BIS 11

Körper ungeteilt

Die meisten Gruppen der Spinnentiere haben einen ungeteilten Körper. Spinnwarzen am Ende des Hinterleibs fehlen. Bei den Männchen ist der Kiefertaster nicht zu einem Fortpflanzungsorgan umgebildet.

⟶ In diese Gruppe gehören Pseudoskorpione, Weberknechte und Milben.

KURZINFO
Der Farbbalken hilft dir bei der Navigation durch das Buch.

SEITE 12 BIS 59

Körper zweiteilig, mit Fangnetz

Spinnen haben einen eingeschnürten Körper, sodass deutlich ein Vorder- und Hinterleib zu erkennen ist. Am Körperende haben sie Spinnwarzen. Für den Beutefang bauen die Spinnen dieser Gruppe ein mehr oder weniger großes Netz.
→ Zu ihnen gehören Trichternetz-, Radnetz-, Baldachin- und Kugelspinnen sowie die Zitterspinne.

eingeschnürter Körper, bauen ein Fangnetz

SEITE 60 BIS 105

Körper zweiteilig, ohne Fangnetz

eingeschnürter Körper, jagen ohne Netz

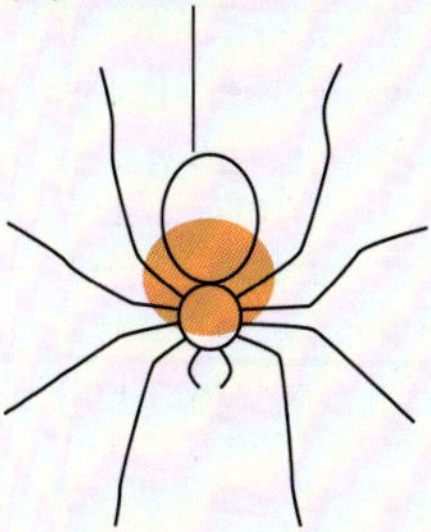

Auch die Spinnen dieser Gruppe haben einen zweiteiligen Körper und Spinnwarzen. Allerdings bauen sie keine Fangnetze, sondern fangen ihre Beute lauernd oder jagen ihr aktiv nach.
→ Zu dieser Gruppe gehören unter anderem Krabben-, Lauf-, Spring- und Wolfspinnen.

SPINNENTIERE MIT UNGETEILTEM KÖRPER schneller bestimmen

Bei dem Spinnentier sind Vorder- und Hinterleib miteinander verschmolzen. Es ist mittelgroß bis sehr klein.

↓

Schau dir die weiteren hier beschriebenen Merkmale an.

↓

Dann blätterst du direkt zu der Seite, ab der die passenden Arten beschrieben sind.

SEITE 5

Pseudo-skorpione

Winzig, auffällige Scherenarme. Erinnern an einen Skorpion ohne Schwanz und Stachel.

AB SEITE 6

Weber-knechte

Meist mit sehr langen Beinen, jedoch ohne Spinn- und Giftdrüsen. Der Hinterleib ist gegliedert. Die Männchen haben einen Penis, also anders als die Spinnen, ein „echtes" Geschlechtsorgan.

AB SEITE 9

Milben

Nur wenige Milben kann man mit bloßem Auge erkennen. Die größten Milben gehören zu den Zecken. Die Mundwerkzeuge sind deutlich vom Rest des Körpers abgesetzt.

Kopfporträt: die Kieferklauen sind sehr klein →

Bücherskorpion

Chelifer cancroides

Länge 2,5–4,5 mm
Merkmale Dunkelbrauner, nach vorne stark verschmälerter Körper mit rotbraunen Beinen. Die Kiefertaster mit den Scheren sind auffallend lang und schmal.
Lebensweise Der Bücherskorpion jagt kleine Insekten, die er mit den Scheren ergreift und mit Gift aus den Scherenfingern tötet. Die Scheren führen die Beute dann zum Mund, wo sie mit Verdauungssaft aufgelöst und aufgesaugt wird.
Vorkommen In spaltenförmigen Hohlräumen unter Rindenschuppen, in Vogelnestern und im Haus auch in Büchern. In Mitteleuropa ziemlich häufig.

→ **INTERESSANT Im Frühjahr findet ein interessanter Balztanz statt, bei dem das Weibchen den Bewegungen des Männchens folgt. Dabei setzt das Männchen ein Spermapaket ab, greift das Weibchen bei den Scheren und dirigiert es zu dem Paket.**

Männchen mit Hörnern ⟶

Hornweberknecht

Phalangium opilio

Länge Männchen 4–6 mm, Weibchen 5–7 mm
Merkmale Sehr langbeiniger und robuster Weberknecht. Die Grundfärbung ist grau bis rotbraun mit auffallend weißer Unterseite. Mehr oder weniger deutlicher sattelförmiger Fleck auf dem Rücken.
Lebensweise Der Hornweberknecht ist im Gegensatz zu anderen Weberknechten am Tag sehr aktiv und gut zu beobachten.
Vorkommen Ein häufiger Weberknecht auf offenen Flächen, Gärten und an Hauswänden. Er meidet schattige Lebensräume wie Wälder.

→ **INTERESSANT Die Männchen unterscheiden sich von den Weibchen deutlich durch einen hornartigen Auswuchs an der Basis ihrer Kieferklauen.**

Männchen →

Apenninenkanker

Opilio canestrinii

Länge Männchen 4–6 mm, Weibchen 5–8 mm
Merkmale Die großen langbeinigen Weibchen sind rötlich bis grünlich braun gefärbt mit kurzen, hellen Querstrichen auf dem Rücken. Die Männchen sind kleiner, runzelig und gelblich bis rötlich.
Lebensweise Der Apenninenkanker ernährt sich sowohl von lebenden als auch von toten Insekten und anderen Gliederfüßern. Man findet ihn fast ausschließlich an Hauswänden.
Vorkommen Mittlerweile fast überall die häufigste Weberknechtart an Häusern. Gelegentlich entdeckt man die Tiere auch an Bäumen und Büschen.

INTERESSANT Die Art stammt eigentlich aus dem Mittelmeergebiet und wurde in den 1970er-Jahren nach Mitteleuropa eingeschleppt. Seitdem hat sie sich rasant ausgebreitet.

❶ Ziegelrückenkanker

Leiobunum limbatum

STECKBRIEF 4–7,5 mm • Sehr lange Beine mit weißen Ringen • Bei Weibchen Rücken orange, grau, schwarz und weiß gescheckt, Männchen mit ziegelrotem Rücken • Ruht tagsüber in Gruppen in Höhlungen und Nischen • In Wäldern, die Felswände aufweisen, kommt aber auch an Hauswänden vor.

❷ Gemeiner Dreizackkanker

Oligolophus tridens

STECKBRIEF 4–5 mm (Weibchen), 3,4–4 mm (Männchen) • Kurzbeiniger, mittelgroßer Weberknecht • 3 Stacheln vor den Augen, die wie ein Dreizack aussehen • Unter Holz, Steinen und anderen feuchten Lebensräumen in Wäldern und Gärten • Häufig zahlreich auf Brennnesseln.

UNGETEILT

3 Vierfleckkanker

Paranemastoma quadripunctatum

STECKBRIEF 3,5–4 mm • Kurzbeinig • Schwarzer Körper mit 4 oder manchmal nur 2 silberfarbenen Flecken auf dem Vorderkörper • Im Falllaub feuchter Wälder, an Bachufern und anderen nassen Stellen • Das ganze Jahr über zu finden.

4 Samtmilbe

Trombidium sp.

STECKBRIEF 3 mm • Roter Körper mit samtartiger Behaarung • Weit verbreitet und in verschiedenen Lebensräumen anzutreffen • Erwachsene Tiere leben räuberisch von Kleintieren und Insekteneiern • Die beinlosen Larven entwickeln sich an Insekten, deren Körperflüssigkeit sie saugen.

Vollgesogenes Weibchen →

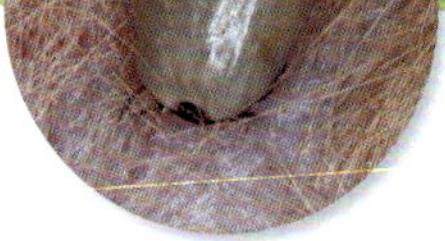

Holzbock

Ixodes ricinus

Länge 2,5–4 mm, vollgesogen bis 10 mm
Merkmale Diese Zecke trägt einen dunklen Rückenschild, der beim Männchen fast den ganzen Hinterleib bedeckt, beim Weibchen nur den vorderen Teil des ansonsten roten Körpers. Der vollgesogene Körper ist um ein Vielfaches vergrößert und grau glänzend.
Lebensweise Der Holzbock saugt das Blut verschiedener Wirbeltiere, auch das des Menschen. Das erwachsene Männchen nimmt keine Nahrung mehr auf.
Vorkommen Weit verbreitet in der feuchten Kraut- und Strauchschicht von Wäldern, aber auch auf besonnten Wiesen.

→ INTERESSANT Der Holzbock ist medizinisch bedeutsam, da er die Frühsommer-Meningoenzephalitis und die Borreliose übertragen kann. Festgesaugte Zecken sollten daher rasch vorsichtig mit einer Pinzette entfernt werden.

Nüchterne Taubenzecke mit eingefallenem Körper →

Taubenzecke

Argas reflexus

Länge Weibchen 6–11 mm, Männchen 4 mm
Merkmale Körper stark abgeflacht und birnenförmig nach hinten verbreitert. Nüchterne Tiere sind gelblich gefärbt, nach eine Blutmahlzeit wird der Darm als dunkles Muster sichtbar. Der Stechapparat ist unter dem Körper versteckt.
Lebensweise Saugt Blut an Tauben, Enten und Hühnern. Die erwachsenen Weibchen benötigen mehrere Blutmahlzeiten, die jeweils etwa eine halbe Stunde dauern.
Vorkommen Leben in Geflügelställen in Ritzen und Spalten nahe den Nestern ihrer Wirte. In Städten auch auf alten Dachböden. Diese Zecke benötigt wärmere Temperaturen und ist im Freien nicht überlebensfähig.

→ INTERESSANT Hungrige Taubenzecken können auch den Menschen befallen und allergische Reaktionen hervorrufen. Die Tiere sterben dann aber nach wenigen Tagen.

SPINNEN MIT FANGNETZ schneller bestimmen

In dieser Gruppe haben wir Spinnen zusammengefasst, die für den Beutefang ein Netz nutzen. Diese Netze können sehr unterschiedlich gebaut sein, auch die Größe kann stark variieren. Unsere Zusammenstellung entspricht nicht der zoologischen Systematik, die Einteilung in 3 Netztypen erleichtert dir aber die schnelle Bestimmung.

Du hast eine Spinne in oder neben einem Fangnetz gefunden.

↓

Ordne das Netz einem der 3 Typen zu.

↓

Blättere zu den Seiten, auf denen die passenden Arten beschrieben sind.

AB SEITE 14

Trichternetz oder Fangröhre

Bei diesem Netztyp geht von einer Wohnröhre ein Teppich aus Spinnseide aus. Dieser kann einen Durchmesser von 50 cm haben, aber auch nur wenige Zentimeter messen. Diese Netze werden von Trichternetz-, Finster- und Fischernetzspinnen gebaut. Bei den Tapezierspinnen und den Röhrenspinnen fehlt der Teppich, und die Tiere leben in geschlossenen Gespinströhren. Die Spinnen, die du in diesen Netzen findest, sind kräftig und oft kompakt gebaut.

AB SEITE 24

Radnetz

Das Radnetz ist das Netz, das die meisten vor Augen haben, wenn sie an ein Spinnennetz denken. Das runde Netz mit den Spiralfäden wird senkrecht, schräg oder fast waagerecht gebaut, je nach der Spinnenart, die es angefertigt hat. Die Dreieckspinne baut kein vollständiges Radnetz, sondern nur ein keilförmiges Teilradnetz. Bei einigen Spinnenarten findest du die Spinne in der Mitte des Netzes, wo sie auf Beute wartet. Andere Arten sitzen in einem Unterschlupf neben dem Netz. Zu dieser Gruppe mit kleinen bis großen Arten gehören Radnetz-, Strecker- und Kräuselradnetzspinnen.

AB SEITE 43

Unregelmäßiges Netz

In dieser Gruppe sind Spinnen mit unterschiedlichen Netzen zusammengefasst. Die Baldachinnetze der Baldachinspinnen sind teppichartig und werden von einem Gewirr aus „Stolperfäden" überspannt, die Insekten aus der Luft zum Absturz bringen. Die Haubennetze der Kugel- und Höhlenspinnen sind kuppelförmig oder teppichartig. Von ihnen ziehen zahlreiche Fäden nach unten, mit denen vor allem auf dem Boden lebende Beute gefangen wird. Die Netze der Zitterspinnen sind sehr unregelmäßig in alle Richtungen gebaut. Die meisten Spinnen aus dieser Gruppe sind eher filigran und langbeinig.

Labyrinthspinne am Eingang ihrer Gespinströhre →

Labyrinthspinne

Agelena labyrinthica

Länge 8–14 mm
Merkmale Gelbbrauner Vorderkörper mit 2 Längsstreifen, die sich auf dem graubraunen Hinterleib fortsetzen. Zwischen den Streifen befindet sich ein weißes „Fischgrätenmuster“.
Lebensweise Die Spinne baut im Gras und in niedrigen Büschen ein teppichartiges Trichternetz mit einem Durchmesser von bis zu 50 cm. Am Rand befindet sich eine nach unten offene Gespinströhre, die als Unterschlupf und Fluchtweg dient.
Vorkommen In der Vegetation an Wald- und Wegrändern und anderen warmen und trockenen Orten.

→ INTERESSANT Einige Wochen nach der Paarung verschließt das Weibchen seine Gespinströhre und baut sie zu einem geräumigen Einest um. Hier legt sie dann ihre Eier ab. Die Jungspinnen verlassen das Nest im folgenden Frühjahr.

Weibchen vor ihrer Wohnröhre →

Bodentrichterspinne

Coelotes terrestris

Länge Weibchen 11–14 mm, Männchen 8–10 mm
Merkmale Kurzbeinige, kräftig gebaute Trichterspinne mit rotbraun und dunkelgrau gefärbtem Körper. Auf dem Rücken mit undeutlicher Winkelzeichnung.
Lebensweise Überwiegend nachtaktive Spinne, lebt in einem nur 5 cm großen Netz am Boden. Von der Netzmitte führt eine ca. 10 cm lange Wohnröhre unter Steine oder Moospolster.
Vorkommen Kommt sowohl in dichten Nadelwäldern als auch in lichten Laubwäldern vor.

→ INTERESSANT Die Jungtiere werden vom Weibchen sehr fürsorglich betreut. Dieses verteilt die Beute in kleinen Portionen an die manchmal bettelnden Jungen. Wenn diese groß genug sind, gehen sie gemeinsam mit der Mutter auf die Jagd. Nach dem Tod der Mutter verteilen sich die Jungtiere und bauen ihre eigenen Netze.

❶ Waldtrichterspinne

Histopona torpida

STECKBRIEF 4,5–7 mm • Zierliche Spinne mit breitem hellem Streifen auf dem Vorderkörper, Hinterkörper mit mehreren Winkelflecken • Baut kleines Trichternetz am Boden in Wäldern • Häufig, lebt aber sehr verborgen • Fehlt in Norddeutschland.

❷ Rostrote Winkelspinne

Tegenaria ferruginea

STECKBRIEF Weibchen 11–14 mm, Männchen 9–11 mm • Rotbrauner Längsstreifen auf dem recht bunten Hinterleib • Beine hell-dunkel geringelt • Lebt in Wäldern in Felsspalten und unter loser Rinde • Ist regelmäßig auch in Häusern an ruhigen, dunklen Stellen zu finden.

Netz in einer Felsspalte →

Waldwinkelspinne

Tegenaria silvestris

Länge 5–9 mm
Merkmale Eine der kleinsten Vertreter dieser Gattung. Hellbraun bis gelblich gefärbt mit kontrastreicher Zeichnung. Die Waldwinkelspinne ist deutlich kleiner als die sehr ähnliche Rostrote Winkelspinne.
Lebensweise Das Trichternetz wird unter Baumstämmen, Totholz und im Eingangsbereich von Höhlen gesponnen. Erwachsene Tiere sind fast das ganze Jahr über zu finden.
Vorkommen Die Waldwinkelspinne lebt bevorzugt in trockenen Laub- und Nadelwäldern und auch in Höhlen.

→ INTERESSANT Im Gegensatz zu anderen Arten von Winkelspinnen und trotz ihres bevorzugten Lebensraums in Höhlen ist die Waldwinkelspinne fast nie in Häusern anzutreffen.

Männchen sind an ihren verdickten Kiefertastern zu erkennen →

Hauswinkelspinne

Eratigena atrica

Länge Weibchen 12–18 mm, Männchen 10–15 mm
Merkmale Diese Spinne erreicht durch ihre langen Beine eine imposante Größe. Wie bei allen Winkelspinnen ist das hintere Spinnwarzenpaar verlängert.
Lebensweise Die Spinne baut große, „unordentliche" Trichternetze in Kellernischen, hinter Möbeln und an anderen dunklen Stellen. Erweist sich dieser Platz als unergiebig für den Beutefang, wird das Netz an anderer Stelle neu gebaut.
Vorkommen Vorwiegend in Häusern, aber auch in freier Natur an Felsen und in Höhlen.

→ INTERESSANT Beim Herumwandern verirren sich die Spinnen leicht mal in Waschbecken und Badewannen und sitzen dort in der Falle, da sie an der glatten Oberfläche nicht hochklettern können. Das hat zu der irrigen Annahme geführt, dass die Tiere durch den Abfluss ins Haus kommen.

Männchen →

Bunte Spaltentrichterspinne

Textrix denticulata

Länge 6–8 mm
Merkmale Eine sehr bunte Spinne mit einem cremefarbenen Längsband auf dem Vorderkörper und einem hufeisenförmigen Fleck in gleicher Farbe auf dem Hinterleib.
Lebensweise Die Spinne baut in Gesteinsspalten oder zwischen Moosen eine Gespinströhre, die sich zu einem mehr oder weniger großen Teppich erweitert.
Vorkommen Die weit verbreitete, aber nicht häufige Spinne bevorzugt besonnte Felsen, Mauern und Baumstämme.

→ INTERESSANT **Ausgewachsene Männchen bauen keine Netze mehr, sondern wandern frei umher. Bei der Paarung halten sie die Weibchen fest. Danach werden die Weibchen von den Männchen gestreichelt, wodurch sie in eine länger andauernde Starre verfallen, sodass das Männchen sich entfernen kann, ohne gefressen zu werden.**

Fangnetz in einer Ritze →

Kellerspinne

Amaurobius ferox

Länge Weibchen 11–16 mm, Männchen 10–12 mm
Merkmale Fast schwarz gefärbte Spinnen mit leicht rötlichem Vorderkörper und 3 Längsbinden sowie 3–4 Winkelflecken auf dem Hinterleib. Die Männchen sind meist heller.
Lebensweise Die Spinne baut ein großmaschiges Trichternetz mit einer zu beiden Seiten offenen Wohnröhre in Mauerfugen und ähnlichen Ritzen. Das Fangnetz ist nicht mit einem Kleber bedeckt, sondern mit einer feinen Fangwolle.
Vorkommen Vor allem an und in Häusern, aber auch in Kanalschächten.

→ INTERESSANT Zur Balz vollführt das Männchen vor der Wohnröhre des Weibchens Trommelbewegungen mit den Kiefertastern und beginnt wild mit den Beinen und dem Hinterleib zu zucken. Nach einiger Zeit, teilweise erst nach Stunden, erscheint das paarungsbereite Weibchen.

Gut getarnte Fangröhre →

Tapezierspinne

Atypus affinis

Länge Weibchen 10–18 mm, Männchen 10–15 mm
Merkmale Auffallend sind die großen, nach vorne gerichteten Kieferklauen und die vergleichsweise kurzen Beine. Die Weibchen sind bräunlich, die Männchen fast schwarz.
Lebensweise Die Tiere leben in großen Kolonien. Sie graben eine bis 30 cm tiefe Wohnröhre, die sie mit Spinnseide „tapezieren" und die in einem 10 cm langen oberirdischen Fangschlauch endet. Beutetiere, die über den Schlauch laufen, werden von innen gepackt und hereingezogen.
Vorkommen Trockenere Kiefern- und Mischwälder, vor allem im Flachland.

→ INTERESSANT Die Spinnenseide wirkt antibakteriell und kann von Mikroorganismen nicht zersetzt werden. Aufgrund dieser Eigenschaft wurden die Schläuche früher auch als Wundauflagen genutzt.

Weibchen mit gelben Haaren auf dem Vorderkörper →

Herbströhrenspinne

Eresus kollari (geschützte Art)

Länge Weibchen 8–16 mm, Männchen 6–11 mm
Merkmale Eine unserer schönsten Spinnen, besonders die Männchen fallen durch den rot gefärbten Hinterleib mit schwarzen Punkten auf. Die Weibchen sind samtig schwarz mit einzelnen gelben oder weißen Haaren auf dem Vorderkörper.
Lebensweise Lebt in einer etwa 10 cm tiefen, mit Spinnseide ausgekleideten Erdröhre. Das obere Ende der Röhre breitet sich zu einem bis zu 10 cm breiten Teppich aus. Die Spinne überwältigt auch große, wehrhafte Beutetiere, z. B. Laufkäfer.
Vorkommen An sonnigen, trockenen und wenig bewachsenen Orten. In Deutschland nur z. B. im Rheintal, Lüneburger Heide.

→ INTERESSANT Die Männchen streifen im Spätsommer auf der Suche nach einem Weibchen umher. Treffen sie auf das Netz eines Weibchens, ziehen sie dort ein und leben mit dem Weibchen zusammen. Dann fressen sie auch gemeinsam an der Beute.

Wohnröhre mit Signalfäden →

Fischernetzspinne

Segestria senoculata

Länge 6–10 mm
Merkmale Schmaler, zylindrischer Körper mit dunkler Zeichnung. Der Vorderkörper ist dunkel rotbraun. Auf dem Hinterkörper besteht die typische Zeichnung aus kettenartig angeordneten Flecken.
Lebensweise Die Spinne baut in Rindenritzen und Gesteinsspalten eine dünne, etwa 5 cm lange Gespinströhre, die sich außen zu einem kleinen Trichter erweitert. Vom Trichterrand führen sternförmig mehrere Signalfäden ab.
Vorkommen Weit verbreitet in Wäldern, dort an Baumrinden, vor allem von Kiefern. Man findet die Spinne aber auch in Felsritzen.

→ INTERESSANT Nachts lauert die Spinne mit ausgestreckten Beinen am Ausgang ihrer Wohnröhre. Sobald ein Insekt die Signalfäden berührt, schnellt sie heraus und ergreift ihre Beute.

Die Nabe des Netzes ist mit weißem Filz bedeckt

Eichenblattspinne

Aculepeira ceropegia

Länge Weibchen 9–14 mm, Männchen 7–8 mm
Merkmale Den schmalen, nach hinten spitz zulaufenden Hinterkörper ziert das typische Muster, das einem Eichenblatt ähnlich sieht. Der Vorderkörper ist silbrig behaart.
Lebensweise Das Radnetz wird bodennah zwischen höheren Kräutern gebaut. Die Nabe ist von einem weißen Filz bedeckt.
Vorkommen Die Spinne ist weit verbreitet und lebt in offenem, sonnigem Gelände. Sie kommt sowohl auf Trockenrasen als auch auf Feuchtwiesen vor.

→ INTERESSANT Wenn die Spinne nicht in der Netzmitte sitzt, findet man sie in einem schüsselförmigen Gespinst neben dem Netz, wo sie leicht zu entdecken ist. Sie lässt sich aber bei kleinsten Störungen fallen und versteckt sich am Boden.

Spinne in der körbchenförmigen Sitzwarte →

Körbchenspinne

Agalenatea redii

Länge Weibchen 7–8 mm, Männchen 3,5–5,5 mm
Merkmale Der Hinterleib ist etwas breiter als lang. Er ist sehr variabel gefärbt, aber meistens findet sich dort eine weiße V-Zeichnung und ein dunkles, eingeschnürtes Längsband.
Lebensweise Die Spinne baut ihr Radnetz vor allem zwischen abgestorbenen Stauden. Neben dem Netz baut sie eine körbchenförmige Sitzwarte, in der sie die meiste Zeit sitzt. Im Gegensatz zur Eichenblattspinne, die eine ähnliche Warte baut, sitzt die Körbchenspinne eher selten in der Netzmitte.
Vorkommen Vorwiegend im offenen, trockenen und besonnten Gelände, z. B. Wiesen und Waldränder.

→ INTERESSANT Zur Paarungszeit im Mai sitzen Männchen und Weibchen oft friedlich nebeneinander in der Sitzwarte.

Kreuzspinne mit Beute →

Garten-Kreuzspinne

Araneus diadematus

Länge Weibchen 12–17 mm, Männchen 5–10 mm
Merkmale Sehr variable Färbung: Es gibt Exemplare mit gelbbrauner, rotbrauner oder dunkelbrauner Grundfärbung. Charakteristisch ist das Kreuzmuster aus mehreren länglichen Flecken auf dem Rücken des Hinterkörpers.
Lebensweise Man findet die typischen Radnetze in Bodennähe, aber auch in 2 m Höhe. Der obere Rahmenfaden kann mehrere Meter überspannen, das Netz selbst einen Durchmesser von bis zu 50 cm haben. In diesem Netz verfangen sich selbst große Insekten, die sogleich von der Spinne überwältigt werden. Je nach Hunger wird die Beute sofort ausgesaugt oder eingesponnen und am Rand des Netzes als Vorrat aufgehängt.
Vorkommen Die Garten-Kreuzspinne bewohnt ein breites Spektrum von Lebensräumen, bevorzugt aber offenes bis halbschattiges Gelände, z. B. Waldränder. Sie ist überall häufig.

↑ Netz mit Spinne in Lauerposition

↑ Jungspinnen

Das Männchen spinnt bei der Balz einen Paarungsfaden am Rand des Netzes des Weibchens und zupft daran, um die Aufmerksamkeit des Weibchens zu erregen. Ist dieses paarungsbereit, nähert es sich dem Faden und präsentiert seine Bauchseite. Nun springt das Männchen an den Bauch des Weibchens und vollzieht die nur wenige Sekunden dauernde Begattung. Das Weibchen baut einige Zeit danach mehrere Kokons, in denen die Eier überwintern. Die Jungtiere schlüpfen im folgenden Frühjahr.

→ INTERESSANT Das charakteristische Kreuz besteht aus eingelagertem Guanin, einem Abfallprodukt des Eiweißstoffwechsels.

Das Männchen ist deutlich kleiner →

Vierfleck-Kreuzspinne

Araneus quadratus

Länge Weibchen 13–18 mm, Männchen 7–10 mm
Merkmale Eine der schwersten heimischen Spinnen. Die Färbung des Hinterleibs ist sehr variabel und kann weiß, grün, orange, rot oder braun sein. Immer vorhanden sind die 4 in einem Trapez angeordneten weißen Flecke.
Lebensweise Das Radnetz wird dicht über dem Boden bis in maximal 50 cm Höhe gebaut. Tagsüber sitzt die Spinne in einem kuppelförmig gesponnenen Versteck neben dem Netz. Ein Signalfaden zwischen Nabe und Unterschlupf informiert die Spinne über Beute im Netz.
Vorkommen Am häufigsten auf Feuchtwiesen, aber auch auf trockeneren Wiesen zwischen halbhohen Pflanzen.

→ INTERESSANT **Aufgrund der Geschlechtsreife und Fortpflanzung im Spätsommer reagiert diese einjährige Art empfindlich auf die maschinelle Mahd von Wiesen zu dieser Zeit.**

Pyramidatus-Variante →

Marmorierte Kreuzspinne

Araneus marmoreus

Länge Weibchen 9–15 mm, Männchen 5–9 mm
Merkmale Die Zeichnung und Färbung des Hinterleibs ist bei dieser Art sehr variabel. Auf einer grauen oder braunen Grundfärbung findet sich ein Marmormuster aus weißen, gelben oder hellroten Flecken. Der Vorderkörper ist hell behaart mit einem dunklen Mittelstrich.
Lebensweise Das Fangnetz wird in niedrigen Gebüschen oder höheren Stauden gebaut. Weil die Fangspirale unterhalb der Nabe mehr Umgänge hat, ist die Form etwas exzentrisch. Die Spinne lauert tagsüber neben dem Netz in einem gut getarnten Unterschlupf auf Beute.
Vorkommen Bevorzugt feuchte, halbschattige Lebensräume.

→ INTERESSANT Die seltenere Pyramidatus-Variante unterscheidet sich deutlich von der marmorierten Form und wurde früher als eigene Art angesehen.

Unterseite mit rotem Fleck →

Kürbisspinne

Araniella cucurbitina

Länge Weibchen 4,5–8,5 mm, Männchen 3,5–4,5 mm
Merkmale Besonders auffällig ist der leuchtend gelbe oder grüne Hinterleib mit 3–5 Paaren kleiner schwarzer Punkte. Auf der Unterseite fällt ein roter Fleck hinter den Spinnwarzen auf. Der gelb- oder rotbraune Vorderkörper hat beim Männchen einen schwarzen Rand.
Lebensweise Das sehr kleine Radnetz wird auf nach oben gewölbten Blättern oder frei hängend schräg bis waagerecht in 1–2 m Höhe gebaut. Auf einem Blatt ist das Netz nicht größer als die Blattfläche.
Vorkommen Die Kürbisspinne ist am häufigsten an Waldwegen und Waldrändern zu finden.

→ **INTERESSANT Die Spinne hängt mit dem Rücken nach unten in ihrem Netz und ist durch ihre grün gefärbte Unterseite sehr gut getarnt.**

Netz mit Stabiliment →

Konusspinne

Cyclosa conica

Länge Weibchen 6–7 mm, Männchen 4–4,5 mm
Merkmale Der meist marmorierte Hinterleib ist am Ende zu einem spitzen Zipfel ausgezogen. Es gibt verschieden dunkle und helle Tiere.
Lebensweise Das sehr engmaschige Radnetz ist in den unteren Zweigen von Bäumen und Büschen zu finden. Oft wird noch ein senkrechtes Stabiliment oberhalb und unterhalb der Nabe eingebaut.
Vorkommen Die Konusspinne lebt bevorzugt an Nadelbäumen, sie ist gelegentlich aber auch an Laubbäumen und auf Wiesen zu finden.

→ INTERESSANT Das Stabiliment wird oft noch mit Beuteresten bestückt, zwischen denen sich die Spinne aufgrund ihrer Tarnfärbung verstecken kann. Es gibt Hinweise, dass Spinnen in Netzen mit Stabiliment mehr Beute machen können.

Wespenspinne mit Beute →

Wespenspinne

Argiope bruennichi

Länge Weibchen 14–17 mm, Männchen 4–6 mm
Merkmale Der Vorderkörper dieser schönen Spinne ist silberweiß behaart. Der Hinterleib zeigt eine schwarz-weiß-gelbe Querbänderung, die Breite der Bänder und die Farbverteilung kann zwischen verschiedenen Exemplaren sehr unterschiedlich ausfallen. Die Männchen unterscheiden sich stark von den Weibchen, sie sind unscheinbarer bräunlich gelb gefärbt.
Lebensweise Das Radnetz wird in Bodennähe im hohen Gras oder zwischen krautigen Pflanzen gebaut. Falls nicht genügend Platz ist, werden einzelne Grashalme mit Spinnfäden zusammengezogen. Die Netzmitte besteht aus einer dichten Gespinstplatte, von der nach oben und unten ein zickzackförmiges Stabiliment ausgeht. Anders als früher angenommen, dient es nicht der Stabilisierung des Netzes, sondern wahrscheinlich eher der Tarnung der Spinne.

↑ Männchen sind deutlich kleiner als Weibchen

↑ Eikokon

Vorkommen Die wärmeliebende Spinne bevorzugt offene trockene oder feuchte Standorte. Nachdem sie ursprünglich nur in wenigen günstigen Regionen in Deutschland zu finden war, hat sie sich in den letzten 30 Jahren über das ganze Land ausgebreitet.

Im Spätsommer baut das Weibchen mehrere ballonartige Eikokons und stirbt dann. In den Kokons schlüpfen schon bald die Jungspinnen und überwintern in dem gut isolierten Gebilde bis zum nächsten Frühjahr.

→ INTERESSANT Die Wespenspinne überwältigt auch große und kräftige Insekten wie Libellen. Das schafft sie, indem sie mit ihren Hinterbeinen ein dichtes Netz direkt aus den Spinndrüsen über ihre Beute stülpt und diese so bewegungsunfähig macht.

❶ Zweihöckerige Kreuzspinne

Gibbaranea bituberculata

STECKBRIEF 6–10 mm • 2 seitliche Höcker am vorderen Hinterleib • Fläche vor den Höckern dunkler als die Fläche dahinter • Baut in Bodennähe in Sträuchern ein schräges bis waagerechtes Radnetz • Bevorzugt sonnig-warme Lebensräume, an Waldrändern und in Trockenrasen.

❷ Bunte Pyjamaspinne

Singa hamata

STECKBRIEF 4–6 mm • Wegen des glänzenden Hinterleibs auch Glanzspinne genannt • 2 dunkelbraune Längsbinden, von mehreren hellen Querbinden unterbrochen • Auf Feuchtwiesen u. ä. Lebensräumen • Baut ein Radnetz, daneben eine Wohnröhre • Die Jungtiere leben bei der Mutter in der Wohnröhre.

Brückenkreuzspinne in Lauerposition →

Brückenkreuzspinne

Larinioides sclopetarius

Länge Weibchen 10–13 mm, Männchen 6–8 mm
Merkmale Abgeflachter Körper. Der graubraune Vorderkörper zeigt 2 weiße Linien, die ein nach vorne offenes V bilden. Die Muster auf dem Hinterleib sind weiß umrandet.
Lebensweise Die Spinne baut ihr großes Radnetz gerne über dem freien Wasser und bevorzugt dabei Stellen, die nachts von Straßenlaternen oder anderen Lichtquellen beleuchtet werden. Durch das Licht werden besonders viele Insekten ins Netz gelockt.
Vorkommen In den meisten Gegenden häufig. Die Spinne baut ihre Netze bevorzugt an Häusern oder Felsen in Gewässernähe. Man findet sie aber auch regelmäßig in Parkhäusern.

→ INTERESSANT Brückenkreuzspinnen leben oft in Kolonien mit mehreren Hundert Exemplaren. Die Netze können dabei zu einem einzigen Teppich werden.

Kopfporträt →

Spaltenkreuzspinne

Nuctenea umbratica

Länge Weibchen 13–16 mm, Männchen 7–10 mm
Merkmale Eine deutlich abgeflachte Spinne mit einem glänzend rotbraunen bis schwarzbraunen Körper. Besonders auffallend sind die punktförmigen, paarweise angeordneten Eindruckstellen auf dem Hinterleib.
Lebensweise Die Radnetze der Spaltenkreuzspinnen erreichen bis zu 70 cm Durchmesser. Tagsüber versteckt sich die Spinne in ihrem Unterschlupf in einem Spalt in Netznähe.
Vorkommen Bevorzugt spaltenreiche Lebensräume. Dementsprechend sind die Tiere sowohl an Baumstämmen mit lockerer Rinde als auch an Gebäuden anzutreffen. Eine unserer häufigsten Radnetzspinnen.

→ INTERESSANT Das Netz ist so aufgebaut, dass die Nabe nicht mittig, sondern etwas in Richtung des Schlupfwinkels platziert ist.

Netz mit 2 freien Sektoren →

Sektorspinne

Zygiella x-notata

Länge Weibchen 7–11 mm, Männchen 4–7 mm
Merkmale Der silbergraue Hinterleib zeigt eine ebenfalls helle Blattzeichnung. Auf dem gelbbraunen Vorderkörper ist ein dunkles Dreieck deutlich zu erkennen.
Lebensweise Das Netz wird bevorzugt in Gebäudenischen, Winkeln von Zäunen und an ähnlichen Stellen gebaut. Meistens werden beim Netzbau die beiden Sektoren am Signalfaden beim Bau der Fangfäden ausgespart. Jungtiere bauen hingegen ein vollständiges Netz.
Vorkommen Die Sektorenspinne lebt fast nur im Siedlungsbereich an Zäunen oder Gebäuden.

INTERESSANT Die Paarung dauert nur etwa eine halbe Minute, sie kann aber bis zu 20-mal wiederholt werden. Danach muss das Männchen den Spermavorrat in den Kiefertastern wieder auffüllen.

Eikokon →

Große Höhlenspinne

Meta menardi

Länge Weibchen 14–17 mm, Männchen 11–13 mm
Merkmale Eine große und langbeinige Spinne mit stark glänzendem Körper. Der Vorderkörper ist heller oder dunkler braun gefärbt, der Hinterleib gelbbraun mit schwarzer Zeichnung.
Lebensweise Für ihre Körpergröße baut die Höhlenspinne ein vergleichsweise kleines Netz im Eingangsbereich von Höhlen. Der Eikokon wird mit watteartigen Fäden umhüllt und an die Decke der Höhle gehängt.
Vorkommen Kommt vor allem im Bergland vor und bewohnt dort Höhlen, ist aber auch in Schächten und Kellern zu finden.

→ INTERESSANT Die Spinne jagt immer wieder auch aktiv außerhalb ihres Netzes und erbeutet dabei auch Nacktschnecken und Tausendfüßer. Das ist wahrscheinlich eine Anpassung an den Mangel an fliegenden Insekten in einer Höhle.

Weibchen →

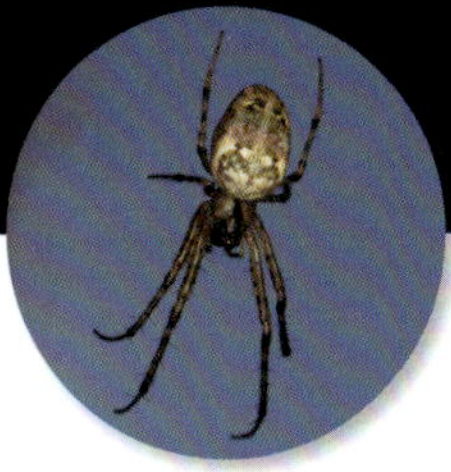

Herbstspinne

Metellina segmentata

Länge 6–9 mm
Merkmale Der Vorderkörper ist hell gefärbt und glasig. Er weist einen schwarzen gegabelten Längsstreifen auf. Der helle Hinterleib trägt eine undeutliche Blattzeichnung.
Lebensweise Das Netz wird schräg geneigt mit einer offenen Nabe gebaut und befindet sich in Bodennähe bis maximal 2 m über dem Boden. Hat die Spinne Beute gemacht, lässt sie sich mit dem eingesponnenen Opfer nach unten fallen und hangelt sich an ihrem Sicherungsfaden wieder zur Netzmitte.
Vorkommen Meist in offenem Gelände, aber auch in Wäldern.

→ INTERESSANT Am Netz paarungsbereiter Weibchen warten oft mehrere Männchen darauf, dass Beute ins Netz fliegt. Dann beginnt ein Wettlauf, an dessen Ende das schnellste Männchen die Beute einspinnt und dem Weibchen als „Brautgeschenk“ anbietet.

Streckerspinne im schrägen Netz →

Gemeine Streckerspinne

Tetragnatha extensa

Länge Weibchen 10–12 mm, Männchen 6–9 mm
Merkmale Der Körper ist auffallend schmal, lang gestreckt und langbeinig, der perlmuttartig glänzende Hinterleib gelblich oder grünlich gefärbt. Der Rest der Spinne ist rotbraun.
Lebensweise Die Spinne baut ihr schräges, oft sogar waagerechtes Netz meistens dicht über der Wasseroberfläche. Wie bei der Herbstspinne hat das Netz eine offene Nabe, aber weniger Radien.
Vorkommen An Gewässerufern oder zumindest in Gewässernähe. Die Art bevorzugt sonnige Plätze.

→ INTERESSANT Der Eikokon ist sehr charakteristisch. Er ist mit seiner flachen Seite auf einem schmalen Untergrund, z. B. einem Grashalm, befestigt und ist mit zahlreichen grau und grün gefärbten Flocken besetzt.

Netz der Dreieckspinne →

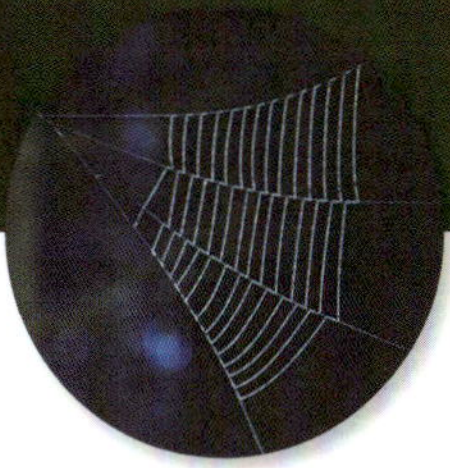

Dreieckspinne

Hyptiotes paradoxus

Länge 4–6 mm
Merkmale Der gesamte Körper ist mal heller, mal dunkler graubraun gefärbt. Die Weibchen dieser Art fallen durch ihren in der Seitenansicht deutlich rundlich dreieckigen Hinterleib auf. Die Männchen haben einen flachen Körperbau.
Lebensweise Die Spinne baut ein „Radnetz", dass aus nur 3 Sektoren besteht, die ein Dreieck bilden. Die Sektoren laufen in der Spitze zu einem Signalfaden zusammen, den die Spinne hält. Diese ist über einem Haltefaden mit einem Zweig verbunden. Fliegt Beute ins Netz, verlängert die Spinne den Haltefaden und wird durch die Netzspannung zur Beute gezogen. Dabei wickelt sich das Netz um die Beute.
Vorkommen In Fichtenwäldern.

→ INTERESSANT Wie alle Kräuselradnetzspinnen hat die Dreieckspinne keine Giftdrüsen.

Hellbraun gefärbte Variante →

Federfußspinne

Uloborus plumipes

Länge 4–6 mm
Merkmale Auffällig sind der in der Seitenansicht dreieckige Hinterleib und die langen Vorderbeine. An diesen sitzen die namensgebenden Haare, die an ein Federbüschel erinnern. Die Körperfärbung reicht von gelblich bis fast schwarz.
Lebensweise Das waagerechte, 20–30 cm große Radnetz wird gerne zwischen Kakteen gebaut. Wie bei allen Kräuselradnetzspinnen ist die Fangspirale nicht mit Klebetropfen besetzt, sondern mit feiner Fangwolle, und es werden 2–4 Stabilimente eingewoben.
Vorkommen In Mitteleuropa nur in Gartenmärkten, Gewächs- und Tropenhäusern.

INTERESSANT Die eigentlich tropische Art wurde etwa 1990 nach Mitteleuropa eingeschleppt und hat sich seitdem auch in Deutschland in Gewächshäusern weit ausgebreitet.

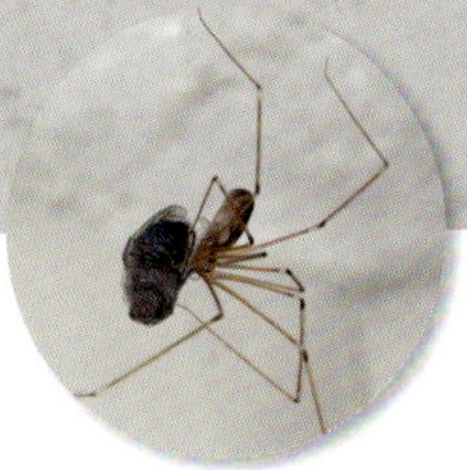

Die Zitterspinne kann auch kräftige Beutetiere überwältigen →

Große Zitterspinne

Pholcus phalangioides

Länge 7–10 mm
Merkmale Mit den langen Beinen erinnert die Zitterspinne an einen Weberknecht. Der Körper ist graubraun gefärbt mit einer teils verwaschenen dunklen Rückenzeichnung.
Lebensweise Die Spinne baut ein lockeres, „unordentliches" großes Netz in Zimmerecken und anderen Winkeln. Wird sie gestört, versetzt sie das Netz in Schwingung und verschwimmt so vor den Augen des Betrachters. Dieses Verhalten hat auch zu ihrem deutschen Namen geführt.
Vorkommen Fast nur in Gebäuden, auch in trockenen Wohnungen. Überall häufig.

→ INTERESSANT Das Gift der Zitterspinne ist sehr wirksam. Die zierliche Spinne kann damit auch deutlich größere Spinnen überwältigen. Für den Menschen ist sie trotzdem ungefährlich, da ihre Kieferklauen viel zu schwach sind, um die Haut zu durchdringen.

Beine mit besonders kontrastreicher Ringelung →

Rindenweber

Drapetisca socialis

Länge 3–4 mm
Merkmale Der Körper ist etwas abgeflacht, die Beine sind lang und dünn. Der Hinterkörper ist in der Mitte dunkel gefärbt mit unscharfer Begrenzung. Der Rand ist hell gefärbt. Die Beine werden seitlich ausgebreitet.
Lebensweise Die oft scharenweise auftretende Spinne baut ein kleines, unscheinbares Teppichnetz, das gar nicht dem typischen Netz der Baldachinspinnen (S. 13), zu deren Familie der Rindenweber gehört, entspricht. Durch ihre Färbung ist sie auf dem Stamm sehr gut getarnt.
Vorkommen Eine Waldart, die vor allem an Bäumen mit glatter Rinde, z. B. Buchen, vorkommt.

INTERESSANT **Die Spinne hat die Angewohnheit, bei Annäherung rasch auf die gegenüberliegende Baumseite zu flüchten. Das erschwert es zusätzlich, ihr Netz zu entdecken.**

Spinne im Größenvergleich mit einem Samenstand →

Gewöhnliche Glücksspinne

Erigone atra

Länge 2–2,5 mm
Merkmale Dieser Winzling gehört zur Unterfamilie der Zwergspinnen. Der Körper ist schwarzbraun gefärbt, die Beine sind deutlich heller. Beim Männchen ist der Kopfbereich deutlich erhöht, beim Weibchen nur leicht.
Lebensweise Die Glücksspinne baut ihr Netz in Bodennähe, jagt aber auch außerhalb des Netzes.
Vorkommen Eine der häufigsten Spinnenarten. Lebt vor allem im Uferbereich, aber auch auf Freiflächen.

→ INTERESSANT Wegen ihrer geringen Größe betreiben auch die ausgewachsenen Tiere „Ballooning", ein Verhalten, das ansonsten nur Jungspinnen beherrschen. Dabei klettert das Tier auf einen erhöhten Punkt und lässt aus den Spinndrüsen einen Faden austreten. Ist dieser lang genug, wird er vom Wind erfasst und trägt die Spinne fort. So kann sie große Distanzen im Flug überwinden.

Männchen mit hochgewölbter Kopfpartie und vielen Haaren →

Buckelweber

Floronia bucculenta

Länge 4,5–5 mm
Merkmale Hinterleib mit deutlichem Buckel, ist bei den Weibchen etwa so hoch wie lang. Auf dem hellbraunen Vorderkörper beidseitig ein schwarzer, von den Seitenaugen ausgehender Streifen. Der Hinterleib trägt weiße Punkte.
Lebensweise Das Netz wird als Teppich in Bodennähe in der Krautschicht gebaut. Die Spinne ist sehr empfindlich gegen Störungen und lässt sich schon bei leichten Erschütterungen zu Boden fallen.
Vorkommen Besonders in Auwäldern und anderen feuchten, schattigen Wäldern.

→ INTERESSANT Die Spinne zeigt eine „Verkehrtfärbung": Die Unterseite ist dunkel, die Rückenseite hell gefärbt. Da die Spinne mit dem Bauch nach oben im Netz sitzt, ist sie so von oben gegen den dunklen Boden und von unten gegen den hellen Himmel gut getarnt.

Exemplar mit deutlich ausgeprägten Querbinden auf dem Hinterleib →

Langzahnweber

Tapinopa longidens

Länge 3,5–5 mm
Merkmale Eine vergleichsweise leicht zu erkennende Baldachinspinne mit kompaktem Körperbau. Der Hinterleib trägt ein Muster aus weißen Haarflecken und dunklen Querbinden. Namensgebend sind mehrere spitze lange Zähnchen, die über die angelegten Kieferklauen hinausragen.
Lebensweise Das kleine Netz wird unter Steinen oder Totholz gebaut. Im Herbst werden im Netz 1–2 Eikokons aufgehängt.
Vorkommen Häufig am Boden von trockenen und sonnigen Waldrändern.

→ INTERESSANT Das Netz ist für eine Baldachinspinne sehr ungewöhnlich. Über einem Bodengespinst wird eine nach oben gewölbte, dichte Netzdecke gesponnen, sodass die Spinne in einer geschlossenen „Blase" lebt.

Typisches Baldachinnetz auf einer Wiese ⟶

Gewöhnliche Baldachinspinne

Linyphia triangularis

Länge 5–7 mm
Merkmale Gelbbrauner Vorderkörper mit dunklem Mittelstrich in Form einer Stimmgabel. Hinterleib mit dunklem gezackten Längsband. Die Männchen fallen durch ihre langen auseinandergespreizten Kieferklauen auf.
Lebensweise Die typischen Baldachinnetze (S. 13) sind im Spätsommer und Herbst fast überall auf Büschen und Wiesen zu sehen. Zur Paarungszeit im September sitzt das Männchen oft als Gast im Netz des Weibchens.
Vorkommen Eine unserer häufigsten Spinnen. Sie lebt in Wäldern und verschiedenen offenen Lebensräumen.

INTERESSANT Über dem Netz ist ein Gewirr aus Spinnfäden gespannt. Sie dienen als „Stolperfallen" für fliegende Insekten. Diese fallen nach der Kollision auf das Netz und werden dort von der Spinne erbeutet.

Die Mittellinie auf dem Hinterbleib kann auch schwach ausgeprägt sein →

Längsgestreifter Fadenweber

Stemonyphantes lineatus

Länge 4–7 mm
Merkmale Der gelbbraune Vorderkörper trägt einen dunklen Mittelstrich und eine gleichfarbige Umrandung. Auf dem netzartig gezeichneten grauweißen Hinterleib sind 3 Längsreihen dunkler Punkte zu erkennen. Diese Punkte können aber auch fehlen.
Lebensweise Der Längsgestreifte Fadenweber baut sein Netz an der Basis von Baumstämmen und in niedrigen Vegetationsschichten. Die im Herbst beginnende Paarungszeit wird von einer Winterruhe unterbrochen und dann im Frühjahr fortgesetzt.
Vorkommen Die Art ist in einer Vielzahl von Lebensräumen anzutreffen, z. B. Wiesen, Waldränder und lichte Wälder.

→ **INTERESSANT** **Es gibt eine Farbvariante, bei der die Netzzeichnung des Hinterleibs rosa hinterlegt ist.**

1 Weißrandiger Großweber

Neriene radiata

STECKBRIEF 4,5–6 mm • Vorderkörper mit hellem, breitem Rand • Weißer Hinterleib mit einem dunklen breiten, am Ende eingeschnürten Band • Der Netzteppich ist deutlich kuppelartig gewölbt • Kommt an sonnigen bis halbschattigen Stellen vor, in Sträuchern am Rand von Nadelwäldern.

2 Berg-Baldachinspinne

Neriene montana

STECKBRIEF Mit 5,5–8 mm eine unserer größten Baldachinspinnen • Vorderleib braun mit dunklem Rand • Hinterleib mit dunkler Blattzeichnung mit heller Einfassung • In Wäldern und Büschen, häufig auch in Gärten • Versteckt sich in einer Nische neben dem Netz, daher nicht leicht zu entdecken.

Höhlenspinne in ihrem grobmaschigen Netz

Gefleckte Höhlenspinne

Nesticus cellulanus

Länge 4–5,5 mm
Merkmale Grundfärbung gelb bis gelbbraun. Auf dem Vorderkörper ein schwarzes, mehrfach eingeschnürtes Längsband. Fast runder Hinterleib mit variablem Fleckenmuster.
Lebensweise Das grobmaschige Netz wird in Vertiefungen von Höhlenwänden gebaut. Von dem Netz ziehen Fangfäden nach unten. Sobald Beute an den Fäden klebt, nähert sich die Spinne, bewirft diese mit weiteren Fäden und zieht sie hoch ins Netz.
Vorkommen In feuchten, dunklen Höhlen, Stollen und Schächten. In Deutschland vor allem in der Mitte und im Süden.

→ INTERESSANT Die Intensität der Pigmentierung scheint mit den Lichtverhältnissen des Lebensraums zusammenzuhängen. Bei zumindest zeitweiser Belichtung ist die Zeichnung der Tiere deutlicher.

Am häufigsten: Tiere mit vollständig hellem Hinterleib →

Gewöhnliche Ovalspinne

Enoplognatha ovata

Länge Weibchen 6–7 mm, Männchen 3,5–5 mm
Merkmale Der schwarz umrandete Vorderkörper ist grünlich gelb bis hellbraun. Bei der Färbung des Hinterleibs gibt es 3 Varianten. Die häufigste ist weiß bis gelb gefärbt. Etwa ein Drittel der Tiere hat 2 rote Längsbinden, bei der seltensten Variante ist der ganze Hinterleib von einem roten Schild bedeckt.
Lebensweise Die Spinne baut ihr weitmaschiges Haubennetz in den Spitzen höher aufragender Pflanzen. Hier überwältigt sie häufig auch größere und wehrhafte Beute wie Bienen oder Wespen.
Vorkommen Eine unserer häufigsten Kugelspinnen. Sie lebt in Wäldern, Gärten und im offenen Gelände.

INTERESSANT Das Weibchen rollt mit Spinnfäden ein Blatt zusammen und baut dort einen Kokon mit bis zu 180 Eiern, den sie auch bewacht.

Untypisch für ein Mitglied der Familie der Kugelspinnen: der dreieckige Hinterleib →

Gewöhnliche Kabelspinne

Episinus angulatus

Länge 4,5–5,5 mm
Merkmale Die Kabelspinne hat einen fast dreieckigen, flachen Hinterleib. Ihre Blattzeichnung ist gelb umrahmt.
Lebensweise Das Fangnetz wird an niedrigen Zweigen befestigt und reicht bis zur darunterliegenden Fläche. Der mit gekräuselten Fäden umhüllte Eikokon wird an einem Faden aufgehängt.
Vorkommen An Waldrändern, in Gärten und auf Ödland. Nicht selten, aber schwierig zu entdecken.

INTERESSANT Das Fangnetz besteht aus 2 senkrechten Fäden, die mit einem waagerechten Faden verbunden sind und so ein »H« bilden. Nur der Fadenteil in Bodennähe trägt Klebfäden. Die Spinne sitzt an dem waagerechten Faden und hält mit den Vorderbeinen Kontakt mit den Fangfäden. Bleibt ein Insekt an dem Faden kleben, reißt die Spinne ihn in die Höhe.

Der oberste Zipfel des Eikokons ist meist deutlich länger als die umgebenden Zipfel →

Perlkugelspinne

Paidiscura pallens

Länge 1,3–1,7 mm
Merkmale Dieser Winzling ist eine unserer kleinsten Spinnen und kaum mit anderen Arten zu verwechseln. Der kugelige Hinterleib ist gelblich mit variabler Fleckenzeichnung.
Lebensweise Die Spinne baut das weitmaschige Netz an der Unterseite von Blättern – meist an Eichen . Mit diesem Netz fängt sie Beute, die oft deutlich größer ist als sie selbst. An gleicher Stelle wird auch der auffällige weiße Eikokon mit den Zipfeln gebaut, der deutlich größer ist als die Spinne.
Vorkommen Lebt in Wäldern und an Waldrändern unter Blättern an Bäumen und im Falllaub.

→ INTERESSANT Häufig findet man die Eier des Zweipunkt-Marienkäfers in der Nähe des Eikokons. Man vermutet, dass das aggressive Verhalten der Spinnenmutter mögliche Eiräuber fernhält.

Weibchen (hier mit Beute) haben deutlicher geringelte Beine als Männchen →

Gewächshaus-Mondspinne

Parasteatoda tepidariorum

Länge Weibchen 5–7 mm, Männchen 3–4 mm
Merkmale Eine unserer größten Kugelspinnen. Der Hinterleib ist etwas höher als lang. Sehr variable Färbung – von Weißgrau bis Hellbraun mit dunklem Fleckenmuster.
Lebensweise Das Netz ist vergleichsweise groß und typisch für Kugelspinnen. Von einem lockeren und wirren Fadenteppich gehen mehrere Fangfäden zum darunterliegenden Untergrund ab. Die Fangfäden sind nur im unteren Bereich mit Klebetropfen besetzt.
Vorkommen Die ursprünglich in den Subtropen und Tropen heimische Art kommt bei uns in erster Linie in Gewächshäusern, aber auch in anderen Gebäuden vor.

→ INTERESSANT Die Artbezeichnung leitet sich vom lateinischen Begriff »Tepidarium« ab. Dies waren Wärmeräume in den Bädern des alten Roms.

Schlupfwinkel im oberen Teil des kuppelförmigen Gespinsts →

Gewöhnliche Haubennetz-spinne

Phylloneta impressa

Länge Weibchen 3,5–5,5 mm, Männchen 2,5–4 mm
Merkmale Gelbbrauner Vorderkörper mit breitem Mittelstreifen, der die Augen nicht erreicht. Bunter Hinterleib mit 2 Längsstreifen, mehrfach von weißen Querstrichen unterbrochen.
Lebensweise Baut Haubennetz dicht über dem Boden. Im oberen Netzteil liegt der nach unten offene Schlupfwinkel, der mit Seide ausgekleidet und mit Pflanzenteilen getarnt wird.
Vorkommen Bevorzugt offene, trockene Lebensräume, z. B. Ödland, Trockenrasen.

→ INTERESSANT Das Weibchen bewacht den Eikokon im Schlupfwinkel und betreibt eine ausgeprägte Brutpflege. Die frisch geschlüpften Jungtiere werden von der Mutter mit einem vorverdauten Brei von Mund zu Mund gefüttert.

Fettspinnen bei der Paarung →

Fettspinne

Steatoda bipunctata

Länge Weibchen 4,5–7 mm, Männchen 4–5,5 mm
Merkmale Die Tiere haben einen fettglänzenden, rotbraunen bis schwarzen Körper, der abgeflacht ist. Am Vorderrand des Hinterleibs verläuft eine dünne helle Querlinie, auf dem Hinterleib ist ein unscharf begrenzter heller Fleck und bei manchen Tieren ein deutlicher Längsstrich.
Lebensweise Die Fettspinne baut ihr weitmaschiges Deckennetz bevorzugt in Zimmerecken und Fensternischen. Typischerweise ziehen zahlreiche Spannfäden nach oben und zur Seite und Fangfäden nach unten.
Vorkommen Deutlich häufiger in Gebäuden als im Freiland, auch in trockenen Räumen.

→ INTERESSANT Die Männchen haben zwischen Vorder- und Hinterkörper ein sogenanntes Stridulationsorgan, mit dem sie bei der Balz zirpende Geräusche von sich geben können.

Netz der Kräuselspinne an der Spitze einer abgestorbenen Pflanze →

Gewöhnliche Kräuselspinne

Dictyna arundinacea

Länge 2,5–3,5 mm
Merkmale Der dunkelbraune Körper ist mit grauweißen Haaren bedeckt. Diese bilden auf dem Vorderkörper 5 Streifen und lassen auf dem Hinterleib einen breiten Streifen frei.
Lebensweise Die Spinne baut ein „unordentliches" Netz in der Spitze abgestorbener Pflanzen vom Vorjahr. In der Mitte des etwa 10 cm großen Netzes wird der Unterschlupf gebaut. Hier werden auch bis zu 6 Eikokons abgelegt.
Vorkommen Die Spinne ist häufig auf sonnigen offenen Flächen zu finden, z. B. Wegränder, Ödland, aber auch Feuchtwiesen.

→ INTERESSANT Anders als die meisten Spinnen produzieren Kräuselspinnen kein Klebsekret für ihre Netze, sondern umhüllen die Fangfäden mit einer sehr feinen Wolle. In dieser verheddern sich die Beutetiere.

ZWEITEILIG, MIT NETZ

❶ Heckenkräuselspinne

Dictyna uncinata

STECKBRIEF 2,5–3,5 mm • Brauner Körper grauweiß behaart, wie bei der Gewöhnlichen Kräuselspinne, jedoch mit 3 statt 5 Haarstreifen auf dem Vorderkörper • Bevorzugt schattigere Stellen wie Waldränder und Gärten • Netz auf der Unterseite von Blättern.

❷ Grüne Kräuselspinne

Nigma walckenaeri

STECKBRIEF 3,5–5 mm • Leuchtend grüner Körper mit hellen Haarstreifen • Männchen mit rotbraun gefärbtem Vorderkörper • Bevorzugt in Gärten und an Hauswänden, in wärmeren Siedlungen auch in Norddeutschland • Fangnetz wird auf der Oberseite größerer Blätter gebaut.

SPINNEN OHNE FANGNETZ schneller bestimmen

Viele Spinnen jagen ohne Netz und lauern auf Beute oder pirschen sich an. Manche nutzen Spinnseide, indem sie z. B. größere Tiere vor dem Giftbiss fesseln. Auch diese Gruppe wurde nicht nach der zoologischen Systematik zusammengestellt, sondern anhand einfacher Merkmale. Achtung: Manche netzbauenden Spinnen trifft man auch fern ihres Netzes, etwa Männchen auf der Suche nach Weibchen. Schau daher bei den netzbauenden Spinnen nach, wenn du hier nicht fündig wirst.

Du hast eine frei umherlaufende Spinne gefunden.

↓

Achte auf die Beinstellung, die Augen und den Körperbau.

↓

Lies auf den Seiten weiter, auf denen die passenden Arten beschrieben sind.

AB SEITE 62

Beine seitlich gestellt

Die Beine sind zur Seite abgewinkelt. Die beiden ersten Beinpaare sind mehr oder weniger deutlich länger als die beiden hinteren Beinpaare. Der Körper ist kräftig gebaut. Die 8 Augen sind in 2 Querreihen angeordnet. In dieser Gruppe wurden die Riesenkrabben-, die Krabben- und die Laufspinnen zusammengefasst.

AB SEITE 72

Große Augen, kompakter Körper

Die Springspinnen bilden eine Familie der Spinnen, die sich gut durch ihre großen, nach vorne gerichteten „Scheinwerferaugen" von allen anderen Spinnen abgrenzen lassen. Die 8 Augen stehen in 3 Querreihen, wobei die „Scheinwerferaugen" in der vordersten Reihe stehen. Der Körper ist kompakt gebaut mit kurzen Beinen. Springspinnen können weit springen und flink seitwärts und rückwärts laufen.

AB SEITE 78

Weitere Spinnen

In dieser Gruppe wurden Spinnen aus mehreren Familien zusammengefasst, die in ihren Merkmalen nicht zu den bisher beschriebenen Gruppen passen. Zu ihnen gehören die häufigen und gut zu beobachtenden Wolfs- und Raubspinnen, aber auch die schwieriger zu findenden Luchsspinnen und Spinnenfresser.

Weibchen mit grünem Hinterleib →

Grüne Huschspinne

Micrommata virescens

Länge Weibchen 12–15 mm, Männchen 8–10 mm
Merkmale Die Weibchen sind leuchtend grün gefärbt mit einem dunkler grünen Streifen auf dem Hinterleib. Die Männchen unterscheiden sich in der Färbung deutlich von den Weibchen. Ihr Hinterleib ist gelb mit einem roten Mittelstreifen. Die Jungtiere sind ebenfalls grün gefärbt, kurz vor der Überwinterung zeigen sie jedoch eine grünliche gelbbraune Färbung mit vielen roten Pünktchen.
Lebensweise Die gut getarnte Spinne lauert in niedrigem Gebüsch und im Gras auf Beute. Nähert sich ein Beutetier, wird es mit den Vorderbeinen ergriffen und dann gebissen. Falls es flüchten kann, nimmt die Spinne die Verfolgung auf.
Vorkommen In warmen Gebieten in verschiedenen Lebensräumen wie Waldränder, Gebüsche, Moore und Wiesen. Im Bergland häufiger als im Tiefland.

↑ Im Porträt sind die 8 Augen gut zu erkennen

↑ Jungtier vor der Überwinterung

Im Frühling und Frühsommer machen sich die Männchen im Zickzacklauf auf die Suche nach paarungsbereiten Weibchen. Treffen sie eines, dann beginnt das Männchen mit den Vorderbeinen den Rücken des Weibchens zu betrommeln. Ist das Weibchen bereit, beginnt die mehrstündige Paarung.

→ INTERESSANT Das Weibchen baut für die Eiablage in Bodennähe eine geräumige Kammer aus mehreren zusammengesponnenen Blättern. Die grünen Eier werden bis zum Schlupf und ein paar Tage darüber hinaus vom Weibchen bewacht.

Männchen →

Veränderliche Krabbenspinne

Misumena vatia

Länge Weibchen 7–10 mm, Männchen 3–5 mm
Merkmale Die Färbung der Weibchen ist sehr variabel und reicht von Zitronengelb über grünliche Farbtöne bis Weiß. Der Vorderkörper trägt häufig 2 graugrüne Längsstreifen, die unterschiedlich intensiv ausgeprägt sind und sich auf dem Hinterleib fortsetzen können. Manche Exemplare haben einen roten Strich auf beiden Seiten des Hinterleibs, der unterschiedlich lang sein kann. Die Männchen besitzen einen dunklen oder hellen Vorderkörper und weißen Hinterleib und sind insgesamt kontrastreicher gezeichnet.
Lebensweise Die Spinne sitzt bevorzugt auf Blüten und lauert dort auf Insekten. Dabei spreizt sie die beiden vorderen Beinpaare weit auf. Sobald ein Insekt die Blüte besucht, packt die Spinne schnell zu und setzt einen Giftbiss in den Nacken ihrer Beute. Das Gift ist sehr schnell wirksam,

↑ Die Beute wird mit einem Biss hinter dem Kopf überwältigt

↑ Weibchen auf einem Eikokon

sodass auch große und wehrhafte Insekten überwältigt werden können.

Vorkommen Vor allem auf trockenen warmen Wiesen und an Waldrändern, aber auch auf Feuchtwiesen.

Das Männchen paart sich mehrfach mit dem Weibchen und legt dazwischen immer wieder Ruhepausen auf dem Rücken des Weibchens ein. Irgendwann entfernt es sich unbehelligt vom Weibchen. Die Eier werden in einem aufgerollten Blatt abgelegt, das vom Weibchen mit Spinnseide versiegelt wird.

→ **INTERESSANT** **Die Weibchen erkennen mit den Augen die Farbe des Untergrunds und können ihre Körperfarbe innerhalb von 3–4 Tagen an diesen anpassen.**

Spinne im Größenvergleich mit einem Schneckenhaus →

Wald-Zwergkrabbenspinne

Ozyptila praticola

Länge 2,5–4 mm
Merkmale Dieser Spinnenzwerg hat auf dem ansonsten schwarzbraunen Vorderkörper eine keilförmige hellere Binde. Der rotbraune Hinterleib ist unregelmäßig hell-dunkel gefleckt.
Lebensweise Diese Art lebt auf dem Boden und in Gebüschen. Das Weibchen baut seinen Eikokon auf niedrig hängenden Blättern und bewacht ihn.
Vorkommen Halbschattige, nicht zu trockene Lebensräume, z. B. Gärten, aber auch dunkle Fichtenforste.

→ INTERESSANT Einige Arten der Zwergkrabbenspinnen sind bei uns sehr häufig. Sie fallen aber wegen ihrer geringen Größe und der verborgenen Lebensweise am Boden kaum auf – manche Arten tarnen sich sogar mit Erde.

Gewöhnliche Krabbenspinne mit erbeutetem Schmetterling →

Gewöhnliche Krabbenspinne

Xysticus cristatus

Länge Weibchen 6–8 mm, Männchen 3–5 mm
Merkmale Über den seitlich dunkelbraun gefärbten Vorderkörper zieht sich ein breites helles Längsband mit einem dunklen Dreieck, das in einer schwarzen Spitze endet. Auf dem Hinterleib findet sich eine hell umrandete Blattzeichnung. Die Männchen sind dunkler und kontrastreicher gefärbt.
Lebensweise Die Spinne sitzt im niedrigen Bewuchs oder auf blühenden Pflanzen und lauert dort auf Beute. Nach der Paarung platziert das Weibchen einen flachen Eikokon frei sichtbar auf Pflanzen und bewacht ihn.
Vorkommen Sonnige Waldränder, Gebüsche und Wiesen.

→ INTERESSANT Das Weibchen wird vor der Paarung mit einigen Fäden vom Männchen gefesselt. Die Fesselung ist aber nur „symbolisch“, nach der Paarung läuft das Weibchen einfach davon.

Beute wird bevorzugt mit einem Biss in die Kopfregion erlegt →

Grüne Krabbenspinne

Diaea dorsata

Länge Weibchen 5–6 mm, Männchen 3–4 mm
Merkmale Der Vorderkörper und die Beine sind leuchtend grün. Auf dem weiß oder gelb gefärbten Hinterleib befindet sich eine große braune Blattzeichnung.
Lebensweise Diese Spinne hält sich bevorzugt auf den Blättern von Büschen und Bäumen auf, wo sie wegen ihrer Tarnfärbung schwer zu entdecken ist. Im Winter hat man gute Chancen, sie unter der Rinde abgestorbener Bäume zu finden.
Vorkommen Vorzugsweise in Laubwäldern, aber auch in waldnahen Bereichen.

→ INTERESSANT Die Männchen führen in der Paarungszeit Scheinkämpfe, sogenannte Kommentkämpfe, durch. Dabei stehen sie sich oft stundenlang mit ausgebreiteten Vorderbeinen in geringem Abstand gegenüber. Wenn das eine Männchen vorstößt, weicht das andere zurück.

Die winzigen Männchen sind bräunlich gefärbt →

Blumenkrabbenspinne

Thomisus onustus

Länge Weibchen 7–10 mm, Männchen 2–4 mm
Merkmale Der Hinterleib ist am Hinterende zu 2 seitlichen Zipfeln, der Kopfbereich zu 2 Seitenkielen ausgezogen, auf denen die Seitenaugen sitzen. Die Weibchen haben eine gelbe, weiße oder rosa Grundfärbung mit einer Musterung in einer der beiden anderen Farben.
Lebensweise Die Spinne sitzt meist gut getarnt auf Blüten. Die Beute kann mehr als doppelt so groß sein wie die Spinne.
Vorkommen Auf sonnig-warmen Blühwiesen, vorwiegend in Süd- und Ostdeutschland.

→ INTERESSANT Die Spinne kann sich wie die Veränderliche Krabbenspinne aktiv farblich an „ihre" Blüte anpassen, hat aber mit Rosa noch eine weitere Farbe zur Verfügung. Der Wechsel zwischen Rosa und Gelb erfolgt immer über eine weiße Zwischenfärbung.

Männchen →

Goldener Flachstrecker

Philodromus aureolus

Länge Weibchen 4–6 mm, Männchen 3,5–5 mm
Merkmale Die Geschlechter unterscheiden sich deutlich in der Färbung. Die Weibchen sind braun bis beige und haben auf dem Vorderkörper ein breites helles Längsband, das sich auf dem Hinterleib fortsetzt. Die braunen Männchen sind mit einem grünlichen Metallschimmer überzogen.
Lebensweise Halten sich vor allem auf den Blättern von Bäumen und Sträuchern auf, wo sie sich an ihre Beutetiere anpirschen. Die Weibchen spinnen im Sommer einen flachen Eikokon auf Blättern oder Baumrinde und bewachen diesen.
Vorkommen Vor allem in Wäldern und Gebüschen, aber auch in Gärten oder an begrünten Hausfassaden.

INTERESSANT **Durch die seitliche Anordnung ihrer Beine können sich die Tiere genauso flink seitwärts wie vorwärts und rückwärts bewegen.**

Durch schnellen Zugriff werden auch fliegende Insekten erbeutet

Gewöhnlicher Halmstrecker

Tibellus oblongus

Länge Weibchen 8–10 mm, Männchen 7–8 mm
Merkmale Der lang gestreckte Körper weicht deutlich von dem anderer Laufspinnen ab. Er ähnelt mehr dem einer Streckerspinne (S. 40), ist aber struppiger behaart. Die Grundfarbe ist hellbraun, über den ganzen Körper verläuft ein dunkelbraunes Band. Die Männchen sind eher grau gefärbt.
Lebensweise Mit ihrer Gestalt ist die Spinne auf Grashalmen gut getarnt. Hier lauert sie auf Beute. Das Weibchen legt seine Eier in einem flachen Kokon auf Halmen und Blattern ab. Es bleibt schützend bis zu seinem Tod auf dem Kokon sitzen.
Vorkommen An offenen, feuchten oder trockenen, aber gut besonnten Stellen.

INTERESSANT **Der Halmstrecker kann gut sehen und versteckt sich bei Annäherung rasch auf der dem Beobachter abgewandten Seite eines Blatts. So wird er leicht übersehen.**

Männchen haben über den Augen eine gelblich weiße Querbinde →

Braune Springspinne

Evarcha falcata

Länge Weibchen 6–8 mm, Männchen 5–6 mm
Merkmale Beide Geschlechter tragen auf dem Vorderkörper ein hellbraun weißlich behaartes Viereck, dass sich zwischen den 8 Augen erstreckt. Es wird hinten von einem dunklen Querband begrenzt. Die Weibchen sind unscheinbar rot- bis graubraun, die Männchen deutlich kontrastreicher.
Lebensweise Man findet die Spinne in der Krautschicht oder auf niedrigen Zweigen. Im Frühjahr gehört sie zu den häufigsten Springspinnen.
Vorkommen An sonnigen Wald- und Wegrändern.

→ INTERESSANT Vor der Paarung steigt das Männchen auf den Rücken des Weibchens und lässt sich – oft stundenlang – herumtragen. Währenddessen klettert es immer wieder an einer Seite des Weibchens herab und führt zur Begattung seinen Kiefertaster in die Geschlechtsöffnung des Weibchens ein.

Besonders die Weibchen sehen Ameisen sehr ähnlich →

Ameisen-Springspinne

Myrmarachne formicaria

Länge 5–6,5 mm
Merkmale Durch die rotbraune und schwarze Färbung sieht diese Spinne einer Ameise täuschend ähnlich. Der Eindruck wird dadurch verstärkt, dass sie das vordere Beinpaar wie Fühler bewegt. Beim Männchen sind die Kieferklauen stark vergrößert.
Lebensweise Zur Überwinterung, aber auch zur Eiablage werden gerne verlassene Schneckenhäuser genutzt.
Vorkommen Vor allem in der wärmeren Südhälfte Deutschlands an feuchten und auch trockenen offenen Stellen.

→ INTERESSANT Die imposanten Kieferklauen der Männchen werden zur Balz und bei sogenannten Kommentkämpfen eingesetzt. Bei so einem Kampf stehen sich die Kontrahenten mit weit gespreizten Kiefern drohend gegenüber, bis ein Männchen aufgibt. Manchmal kommt es aber auch zu einem echten Kampf.

❶ V-Fleck-Springspinne

Aelurillus v-insignitus

STECKBRIEF Weibchen 5–7 mm, Männchen 4–5 mm • Körper gedrungen, mit grauer Musterung; Männchen mit dunkler V-Zeichnung hinter den Augen • An offenen, sehr trockenen Stellen mit sandigem Untergrund, verschwindet bei ungünstigem Wetter in einem Schutzgespinst zwischen Pflanzenteilen.

❷ Schlanker Ameisenspringer

Synageles venator

STECKBRIEF 3–4 mm • Ameisenähnlich gefärbt mit einem weißen Querstrich auf dem Vorderkörper und 1–2 weißen Querstrichen auf dem Hinterleib • In offenen bis halbschattigen und teilweise feuchten Lebensräumen, auch an Hauswänden • Läuft flink umher, wirkt dadurch besonders ameisenähnlich.

Beim Männchen sind die Augen rot umrandet, beim Weibchen gelb →

Haus-Keilspringer

Pseudeuophrys lanigera

Länge 4–5 mm
Merkmale Die Spinne hat eine braune Grundfärbung. Auf dem Vorderkörper trägt sie ein Dreieck aus weißen Haaren, das sich auf dem Hinterleib in einer breiten hellen Längsbinde fortsetzt. Die Männchen sind dunkler gefärbt und haben auf dem Hinterleibsende 2 Punkte.
Lebensweise Man sieht diese Spinne oft an Wänden und Decken in Wohnungen bei der Jagd auf kleine Insekten. Sie kommt gut mit der trockenen Luft in unseren Wohnungen zurecht. Im Sommer wandert sie auch auf die Außenwände.
Vorkommen Fast nur an und in Häusern.

→ INTERESSANT Ursprünglich in Südwesteuropa heimisch, hat sich diese Spinne seit den 1950er-Jahren in ganz Deutschland ausgebreitet.

Nach dem Giftbiss wird die Beute ausgesaugt →

Zebra-Springspinne

Salticus scenicus

Länge 5–7 mm
Merkmale Diese markante Spinne fällt durch ihre weißen „Zebrastreifen" auf dem dunkelbraunen bis schwarzen Körper auf. Die Männchen sind an ihren sehr großen Kieferklauen zu erkennen.
Lebensweise Die tagaktive Spinne lässt sich gut an Hauswänden bei der Jagd beobachten. Bei der Balz tanzt das Männchen mit weit gespreizten Vorderbeinen und aufgeklappten Kieferklauen vor dem Weibchen.
Vorkommen Vor allem im Siedlungsbereich, wo sie oft an Hauswänden oder in Wohnungen unterwegs ist.

→ INTERESSANT Hat die Spinne eine Beute entdeckt, pirscht sie sich wie ein Raubtier an. Ist sie noch etwa 1 cm von der Beute entfernt, befestigt sie einen Sicherheitsfaden am Untergrund und überwältigt ihr Opfer mit einem schnellen Sprung.

Die Stirn des Weibchens ist dunkelbraun behaart →

Ringelbeinspringer

Talavera aequipes

Länge 2–3 mm
Merkmale Dieser Winzling fällt durch seine schwarz-gelbe Beinbehaarung auf. Die gelbbraune Behaarung auf dem dunklen Körper verleiht der Spinne ein geschecktes Aussehen. Die Stirn des Männchens ist goldgelb behaart.
Lebensweise Der Ringelbeinspringer nutzt häufig leere Schneckenhäuser zur Überwinterung, dabei genügen ihm schon 5 mm große Gehäuse. Auch die Eier werden bevorzugt in Schneckengehäusen abgelegt.
Vorkommen Auf warmen und trockenen Grasflächen und sandigen Heiden.

→ **INTERESSANT Diese Spinne ist in Deutschland weit verbreitet, wird aber aufgrund ihrer geringen Größe leicht übersehen.**

Die Weibchen sind meist deutlich heller als die Männchen →

Vierfleck-Zartspinne

Anyphaena accentuata

Länge 4–8 mm
Merkmale Der Körper hat je nach Individuum eine gelbgraue bis dunkelbraune Grundfärbung. Unverkennbar sind die 4 namensgebenden Flecken auf dem Hinterleib. Längs über den Vorderkörper verlaufen 2 dunkle Streifen.
Lebensweise Die nachtaktive Spinne versteckt sich tagsüber zwischen zusammengesponnenen Blättern. Im Winter ist sie häufig unter der Rinde toter Bäume zu finden.
Vorkommen In Laub- und Mischwäldern, gelegentlich auch an und in Häusern.

→ INTERESSANT Bei der Balz beginnt das Männchen vor dem Unterschlupf eines Weibchens heftig mit den Kiefertastern und dem Hinterleib zu vibrieren. Nähert sich das Weibchen, klopft das Männchen mit Kiefertastern und Hinterleib auf den Untergrund. Das Klopfen wird immer schneller und erreicht bis zu 30 Schläge pro Minute.

Eikokon vor der Tarnung →

Feenlämpchenspinne

Agroeca brunnea

Länge Weibchen 6–9 mm, Männchen 5–6 mm
Merkmale Der Vorderkörper und die Beine sind rotbraun, der Hinterleib leicht goldglänzend. Die Zeichnung auf dem Hinterleib erinnert etwas an mehrere hintereinander aufgereihte „W".
Lebensweise Die Spinne ist nachtaktiv und versteckt sich tagsüber unter Moos oder Holzstücken.
Vorkommen Man findet die Spinne in unterschiedlichen Lebensräumen: in Wäldern und offenen Gebieten, auf Feuchtwiesen und in Trockengebieten.

→ **INTERESSANT** **Auffälliger und leichter zu entdecken als die Spinne ist der Eikokon, das sogenannte Feenlämpchen. Wie eine kleine weiße Laterne hängt es an niedrigen Pflanzen. In vielen Fällen wird der Kokon allerdings noch von der Spinne mit kleinen Erdbröckchen getarnt.**

Geöffnetes Wohngespinst mit Weibchen und Jungtieren →

Riedsackspinne

Clubiona reclusa

Länge 4–9 mm
Merkmale Die auffallend schlanke Spinne ist unauffällig hell- oder rotbraun gefärbt und zeigt keine besondere Zeichnung. Der Hinterleib hat eine feine, graue Behaarung.
Lebensweise Die Riedsackspinne lebt im Gebüsch und im Schilf. Hier baut sie auch ihren Unterschlupf, für den sie ein Blatt zusammenfaltet oder -rollt und darin dann ein sackförmiges Wohngespinst errichtet.
Vorkommen An Ufern, feuchten Waldrändern und auf Feuchtwiesen.

INTERESSANT Der Gespinstsack dient auch der Eiablage. Nach dem Schlupf der Jungspinnen lebt die Mutter noch eine Weile mit ihnen im Unterschlupf zusammen.

Die meisten Spinnen haben 8 Augen, die Speispinne dagegen nur 6 →

Speispinne

Scytodes thoracica

Länge 4–6 mm
Merkmale Der Körper und die Beine sind gelb gefärbt und tragen ein Muster aus schwarzen Streifen und Schleifen. In der Mitte des Vorderkörpers ähnelt das Muster einer Lyra. Neben der Musterung fällt der schräg nach hinten ansteigende Vorderkörper auf.
Lebensweise Die nachtaktive Spinne hat eine charakteristische „schleichende" Bewegungsweise, mit der sie sich an ihre Beute anpirscht.
Vorkommen Die Art stammt aus dem Mittelmeergebiet und kommt in Mitteleuropa nur in Gebäuden vor.

→ **INTERESSANT Die Giftdrüsen sind zum Teil in Spinndrüsen umgewandelt. So kann die Spinne über die Kieferklauen einen paarigen Fangfaden „abschießen", der die Beute auf dem Untergrund festklebt. Die Fäden bilden dabei ein Zickzackmuster.**

Die Kieferklauen können mühelos Haut durchdringen →

Ammendornfinger

Cheiracanthium punctorium

Länge Weibchen 10–15 mm, Männchen 8–12 mm
Merkmale Der Vorderkörper ist gelbbraun bis orange. Auffällig sind die orangen Kieferklauen mit schwarzen Spitzen. Der Hinterleib ist grünlich gelb und trägt im vorderen Bereich einen dunkleren Mittelstreifen, der aber auch fehlen kann.
Lebensweise Die nachtaktive Spinne baut einen etwa taubeneigroßen Gespinstsack im hohen Gras, in dem sie den Tag verbringt. Für die Eiablage baut das Weibchen einen extra Gespinstsack, in dem es das Gelege bewacht und vehement verteidigt.
Vorkommen Vorwiegend in den warmen Regionen Deutschlands, auf offenen, vorwiegend trockenen Wiesen.

→ **INTERESSANT** **Der Ammendornfinger gehört zu den wenigen Spinnen in Deutschland, deren Biss für den Menschen schmerzhafte Folgen hat. Der Biss kann auch Übelkeit und leichtes Fieber auslösen, die Beschwerden lassen aber nach einigen Tagen nach.**

Weibchen auf dem rosa Gelege →

Heidedornfinger

Cheiracanthium erraticum

Länge Weibchen 8–9 mm, Männchen 6–7 mm
Merkmale Der Vorderkörper und die Beine sind gelbbraun bis grünlich. Der grünlich gelbe Hinterleib trägt einen gelb gesäumten dunkelroten Längsstreifen.
Lebensweise Die Spinne baut einen Gespinstsack in zusammengesponnenen Grasrispen. Dieses Gespinst dient als Versteck und ab Juli auch für die Eiablage. Das Gelege wird vom Weibchen vehement verteidigt, die Tiere können dem Menschen aber keinen Schaden zufügen, da ihre Kieferklauen die Haut nicht durchdringen können.
Vorkommen Weit verbreitet, auf trockenen und feuchten Wiesen, aber auch an Waldrändern.

→ INTERESSANT Der Name Dornfinger rührt von dem langen, dünnen Dorn her, den alle Männchen der Gattung auf ihrem Kiefertaster tragen.

Der Kokon wird mit den Kieferklauen getragen →

Listspinne

Pisaura mirabilis

Länge Weibchen 11–15 mm, Männchen 10–12 mm
Merkmale Diese schlanke, langbeinige Spinnenart ist in ihrer Färbung sehr variabel. Es gibt hell graubraune Tier, aber auch gelbbraune oder dunkelbraune, wobei die Männchen meist dunkler gefärbt sind als die Weibchen. Auf dem Vorderkörper verläuft ein dünner Längsstrich, der nach vorne in einem spitzen Haarbüschel ausläuft. Auf dem Hinterleib ist eine mehr oder weniger deutliche Winkelzeichnung zu erkennen, die von einer wellenförmigen Linie umrandet wird.
Lebensweise An sonnigen Tagen kann man die Listspinne häufig beim Sonnenbaden auf großen Blättern beobachten. Sie lebt in niedriger Vegetation und meidet den Boden.
Vorkommen Man findet die Listspinne in fast allen unbewaldeten, aber dicht bewachsenen Lebensräumen.

↑ Die Jungspinnen werden von der Mutter bewacht

↑ Das Männchen bietet dem Weibchen ein Brautgeschenk an

Nach der Paarung werden die Eier in einem kugelförmigen Kokon abgelegt, der von der Mutter etwa 2 Wochen herumgetragen wird. Dann spinnt sie in Bodennähe ein kuppelförmiges Netz, hängt den Kokon dort auf und bewacht ihn. Die Jungspinnen schlüpfen nach wenigen Tagen und bilden eine dichte Traube, bei Störungen zerstreuen sie sich aber schnell über das ganze Netz.

→ INTERESSANT Bei der Balz präsentiert das Männchen dem Weibchen ein eingesponnenes Beutetier, um seine Gunst zu gewinnen. Während der Paarung wird das Geschenk vom Weibchen ausgesaugt. Manchmal kommt es auch vor, dass das Männchen nach der Paarung das Geschenk wieder mitnimmt.

Jagdspinnen tragen den Eikokon mit den Kieferklauen →

Gerandete Jagdspinne

Dolomedes fimbriatus (geschützte Art)

Länge Weibchen 15–22 mm, Männchen 10–13 mm
Merkmale Diese Art gehört zu den größten Spinnen Deutschlands. Der Körper ist kräftig und gelb- bis schwarzbraun. An den Seiten des Vorder- und Hinterkörpers verläuft ein mehr oder weniger deutlicher weißer bis gelblicher Streifen.
Lebensweise Die Spinne jagt in der Ufervegetation nach Beute, ist aber auch häufig auf und unter dem Wasser unterwegs. Bei ihren Tauchgängen kann sie sogar größere Beutetiere wie Kaulquappen und kleine Fische überwältigen, die sie dann an Land verzehrt.
Vorkommen Gewässerufer, Feuchtwiesen, Moore, Bruchwälder.

→ INTERESSANT Die Gerandete Jagdspinne ist zwar über ganz Deutschland verbreitet, wird aber immer seltener. Grund ist die Zerstörung ihrer bevorzugten Lebensräume wie Moore und Feuchtgebiete.

Eingang zur Wohnröhre →

Uferwühlwolf

Arctosa cinerea (geschützte Art)

Länge Weibchen 14–17 mm, Männchen 12–14 mm
Merkmale Eine unserer größten heimischen Wolfsspinnen. Mit ihrer gelblich grauen, verwaschenen Körperfärbung ist sie in ihrem Lebensraum vorzüglich getarnt.
Lebensweise Die Spinne lebt in selbst gegrabenen Wohnröhren im Uferbereich. Dort verbringt sie den Tag und lauert nachts am Röhreneingang auf größere Insekten. Bei Überflutung wird der Eingang zur Röhre zugesponnen, sodass kein Wasser eindringen kann. So kann die Spinne viele Tage überdauern.
Vorkommen In sandig-kiesigem, wenig bewachsenen Gelände an Fluss- und Seeufern und an Meeresstränden.

→ INTERESSANT Der Uferwühlwolf ist nur noch in wenigen Regionen zu finden und steht als stark gefährdet auf der Roten Liste, da es immer weniger naturbelassene Gewässerufer gibt.

Porträt →

Keilfleck-Scheintarantel

Alopecosa cuneata

Länge 7–9 mm
Merkmale Die dunkelbraune Spinne trägt auf dem Vorderkörper einen breiten rotbraunen bis gelbbraunen Mittelstreifen. Auf dem Hinterleib verläuft ein weißes Längsband, das im vorderen Bereich einen braunen, keilförmigen Fleck umschließt.
Lebensweise Die tag- und nachtaktive Spinne lebt in einer selbst gegrabenen Wohnröhre im Boden. Sie lauert im Eingang auf vorbeikommende Insekten und andere Kleintiere.
Vorkommen Die Keilfleck-Scheintarantel ist häufig an sonnigen, offenen Stellen anzutreffen, z. B. Waldrändern und Trockenrasen.

→ **INTERESSANT** **Die frisch geschlüpften Jungspinnen werden von der Mutter noch eine Weile auf dem Rücken umhergetragen.**

Die Kiefertaster haben ein weißes Glied →

Netzwolf

Aulonia albimana

Länge 4–4,5 mm
Merkmale Eine der kleinsten heimischen Wolfsspinnenarten. Die dunkelbraun bis schwarz gefärbte Spinne hat einen von einer weißen Linie umrandeten Vorderkörper. Der Hinterleib besitzt vorne meist einen kurzen weißen Mittelstrich und hinten mehrere weiße Punkte. Auffällig sind die hellbraunen Beine.
Lebensweise Der Netzwolf baut eine Wohnröhre in der Moosschicht, die er hin und wieder auch verlässt. Beim Laufen ähneln seine Bewegungen denen von Ameisen.
Vorkommen Warme, sonnige Orte mit wenig Vegetation.

→ INTERESSANT Der Netzwolf ist die einzige Wolfsspinne, die ein Netz baut. Das Trichternetz liegt meist einem Moospolster auf und mündet in die Wohnröhre. Es ist sehr zart und wird deshalb leicht übersehen.

Männchen →

Trommelwolf

Hygrolycosa rubrofasciata

Länge 5–6 mm
Merkmale Weibchen und Männchen sind bei dieser Art unterschiedlich gefärbt. Beim Weibchen ist der Vorderkörper hellbraun und hat 2 dunkle Längsstreifen. Die Beine sind bis zu den Kniescheiben gepunktet. Die Männchen sind deutlich dunkler gefärbt. Ihre Zeichnung ähnelt jener der Weibchen, ist aber undeutlicher.
Lebensweise Der Trommelwolf lebt recht versteckt in Moospolstern und in der Laubstreu.
Vorkommen Boden von feuchten Wäldern und Feuchtwiesen. Die Art ist in Deutschland auf der Roten Liste als gefährdet eingestuft.

→ INTERESSANT Bei der Balz trommeln die Männchen mit dem Hinterleib auf trockene Blätter und nutzen diese so als Resonanzkörper. Das schnurrende Geräusch ist auch für Menschen zu hören.

Die Seiten des Vorderkörpers fallen vorne senkrecht ab →

Waldlaufwolf

Pardosa lugubris

Länge 5–7 mm
Merkmale Der dunkelbraune Vorderkörper trägt einen hellen Mittelstreifen. Der hellbraune Hinterleib ist undeutlich gezeichnet.
Lebensweise Man findet diese Spinne oft frei umherlaufend in größerer Zahl auf unbewachsenem Boden. Die Fortpflanzungszeit erstreckt sich über einen langen Zeitraum, sodass sich von Mai bis September Weibchen mit Kokon an ihren Spinnwarzen beobachten lassen.
Vorkommen Trockene und sonnige Orte, z. B. Wegränder, Heidegebiete oder Trockenrasen.

→ INTERESSANT Das Weibchen spinnt zur Eiablage eine runde Platte auf dem Boden, auf der es dann das Eipaket ablegt. Dann spinnt es eine runde Deckplatte, die es anschließend mit Spinnfäden mit der unteren Platte verbindet.

Weibchen mit Kokon auf dem Wasser →

Tümpelpirat

Pirata piraticus

Länge Weibchen 4,5–9 mm, Männchen 4–6,5 mm
Merkmale Vorder- und Hinterkörper sind hell- bis olivbraun und von einem weißen Streifen umrahmt. Auf dem Vorderkörper ist meist eine schwarze stimmgabelförmige Zeichnung auf hellem Grund zu erkennen. Der Hinterleib zeigt einen weiß umrandeten Spießfleck.
Lebensweise Der Tümpelpirat ist fast immer im Uferbereich anzutreffen, wo er Insekten jagt. Bei Gefahr flüchtet er oft auf das Wasser. Dort geht er auch regelmäßig auf die Jagd.
Vorkommen Ufer von stehenden und fließenden Gewässern.

→ **INTERESSANT** **Der Tümpelpirat kann Beutetiere wie Insektenlarven oder Kaulquappen auch unter Wasser fangen. Gefressen werden sie dann an Land.**

Porträt →

Gewöhnlicher Nachtwolf

Trochosa terricola

Länge Weibchen 10–14 mm, Männchen 8–10 mm
Merkmale Diese rotbraune Spinne ist an der typischen Musterung des hellen Längsbands auf dem Vorderkörper zu erkennen. Es ist in der vorderen Hälfte seitlich ausgebuchtet und umschließt 2 dunkle Längsstriche.
Lebensweise Der Nachtwolf ist meist dämmerungs- und nachtaktiv. Am Tag findet man ihn in einer Höhle unter Steinen, wo er auch den Eikokon ablegt. Schlüpfen die Jungtiere, lockert die Mutter das Gespinst, um sie zu unterstützen.
Vorkommen In mäßig feuchten bis trockenen, halbschattigen Lebensräumen, z. B. Waldränder, Lichtungen.

→ **INTERESSANT** **In Deutschland gibt es 4 Arten der Gattung, die nur anhand der Geschlechtsorgane an den Kiefertastern der Männchen sicher unterschieden werden können.**

Durch ihre Färbung ist die Spinne gut getarnt →

Großer Sonnenwolf

Xerolycosa nemoralis

Länge Weibchen 7 mm, Männchen 5 mm
Merkmale Das Schwarz des Vorderkörpers mit dem beim Weibchen hellbraunen, beim Männchen grauen Mittelstreifen setzt sich bis zum Beginn des Hinterleibs fort. Zwischen Vorder- und Hinterkörper befindet sich ein weißes Haarbüschel.
Lebensweise Die tagaktive Spinne bewegt sich sehr flink auf offenen Stellen am Boden. Dort macht sie Jagd auf kleine Insekten, die sie mit ihren gut entwickelten Augen entdeckt und in einem schnellen Sprung überwältigt.
Vorkommen Sonnige Stellen auf Waldlichtungen und an Waldrändern.

→ INTERESSANT Der Große Sonnenwolf ist leicht mit dem Waldlaufwolf zu verwechseln. Der Sonnenwolf ist aber etwas gedrungener, und der Vorderkörper fällt neben den Augen nur allmählich ab.

Lange, kräftige Kieferklauen für die Jagd auf Asseln →

Kleiner Asselfresser

Dysdera erythrina

Länge Weibchen 9–14 mm, Männchen 6–8 mm
Merkmale Der fast unbehaarte Körper dieser rötlichen Spinne weist besonders am Hinterleib einen deutlich fettigen Glanz auf. Auffällig sind die langen Kieferklauen.
Lebensweise Die Spinne versteckt sich tagsüber in einem Gespinstsack unter besonnten Steinen. Nachts geht sie auf die Jagd nach Asseln.
Vorkommen An sonnig-warmen Orten, z. B. Trockenrasen oder Waldrändern, vorwiegend in West- und Mitteldeutschland anzutreffen.

→ INTERESSANT Asseln werden wegen ihres harten Panzers nur von wenigen, spezialisierten Spinnen gefressen. Bei der Jagd pirscht sich die Spinne an die Assel an, dreht den Vorderkörper etwas, schiebt eine der langen Klauen unter die Assel und beißt zu. So kann sie die weiche Unterseite der Assel durchstoßen.

Wohnglocke →

Wasserspinne

Argyroneta aquatica

Länge Weibchen 8–9 mm, Männchen 10–15 mm
Merkmale Vorderkörper und Beine sind braun, der Hinterleib ist dicht mit feinen grauen Haaren besetzt. Unter Wasser sind Hinterleib und Bauch mit einer silbrig glänzenden Luftschicht überzogen.
Lebensweise Die Wasserspinne ist die einzige Spinne weltweit, die sich die Unterwasserwelt als Lebensraum erschlossen hat.
Vorkommen In stehenden, sauberen Gewässern mit reichem Pflanzenwuchs. Im Norden und Nordosten Deutschlands häufiger zu finden als im Süden. Auf der Roten Liste als gefährdet eingestuft.

Die Wasserspinne lebt zwar im Wasser, muss aber Sauerstoff aus der Luft atmen. Deshalb führt sie immer einen Luftvorrat in einer dünnen Schicht um den Hinterleib mit

↑ Die Spinne verlässt die Wohnglocke nach unten

↑ Vor dem Verzehr der Beute muss erst eine Luftglocke gebaut werden

sich. Diese Luft muss regelmäßig erneuert werden. Dazu streckt die Spinne ihren Hinterleib über die Wasseroberfläche und zieht ihn dann ruckartig nach unten. Dadurch bleibt Luft an ihrer dichten Körperbehaarung hängen.

→ INTERESSANT Unter Wasser jagt die Spinne Wasserasseln und Insekten. Sie kann die Beute jedoch nicht unter Wasser aussaugen, da sich bei der spinnentypischen Verdauung außerhalb des Körpers der Nahrungsbrei sofort im Wasser auflösen würde. Daher baut die Spinne eine „Taucherglocke“: Sie webt ein waagerechtes kleines Netz, unter das sie Luftblasen von der Wasseroberfläche bringt und dort abstreift. Die Luft steigt auf und wölbt das Netz zu einer Kuppel. Unter dieser Kuppel wird nicht nur gefressen, sondern hier finden auch Häutungen, Paarung und Eiablage statt.

Vorderkörper: mit gold- oder silberfarbenen Haaren bedeckt →

Gewöhnlicher Ameisendieb

Callilepis nocturna

Länge 4–6 mm
Merkmale Die Grundfärbung ist schwarzbraun oder rotbraun, die Zeichnung wird von gold- oder silberfarbenen Haaren gebildet. Entsprechend diesen Merkmalen gibt es 4 Farbvarianten.
Lebensweise Die tagaktive Spinne ist auf die Jagd von Ameisen spezialisiert. Sie sucht gezielt Ameisennester auf. Trifft sie auf eine Ameise in Drohhaltung, setzt sie von vorne einen schnellen Biss in die Fühlerbasis und wartet dann. Nach kurzer Zeit ist das Opfer gelähmt, und die Spinne setzt einen weiteren Biss und trägt ihre Beute schließlich fort.
Vorkommen Nur in warmen Regionen an offenen Stellen wie Trockenrasen und Weinbergen.

→ INTERESSANT Die Männchen finden paarungsbereite Weibchen anhand von Duftstoffen auf den Wegfäden der Weibchen.

Das Weibchen bewacht den Eikokon

Steinplattenspinne

Drassodes lapidosus

Länge Weibchen 9–15 mm, Männchen 6–13 mm
Merkmale Schlanke, langbeinige Spinne mit rotbraunem Vorderkörper und graubraunem Hinterleib. Typisch sind die schmalen zylindrischen Spinnwarzen und die schwarzbraunen Kieferklauen.
Lebensweise Den Tag verbringt die Spinne versteckt in einem weißen Gespinstsack. Nachts geht sie auf die Jagd. Ertastet sie ein kleines Beutetier, tötet sie es mit einem schnellen Giftbiss.
Vorkommen In warmen, offenen Lebensräumen unter Steinen. Kommt gelegentlich auch in Wohnungen.

→ **INTERESSANT Große Beutetiere – auch Spinnen – überwältigt die Steinplattenspinne, indem sie schnell an ihnen vorbeiläuft und mit einem Gespinstband deren Füße am Boden festklebt. Dann springt sie von hinten auf die Beute und setzt ihren Giftbiss.**

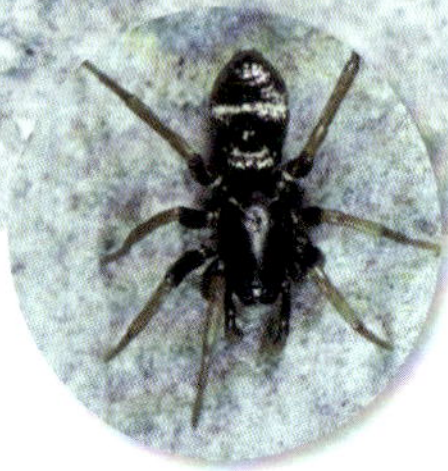

Die Schillerspinne ahmt das Aussehen und Verhalten von Ameisen nach →

Schillerspinne

Micaria pulicaria

Länge 3–4 mm
Merkmale Eine schwarzbraune Spinne mit auffälligem metallischem Glanz. Die Beine sind teilweise gelblich gefärbt. Die Körperzeichnung besteht aus charakteristischen weißen Radial- und Querstrichen.
Lebensweise Die tagaktive Spinne lässt sich gut auf offenem Boden oder auf Pfosten beobachten. Dabei fällt ihre schnelle und ruckartige Fortbewegung auf, die an laufende Ameisen erinnert. Unter Steinen spinnt sie einen dünnwandigen Sack als Rückzugsort, in dem sie auch die Eier ablegt.
Vorkommen In offenem und trockenem Gelände wie Wegränder und Ödland, aber auch im Siedlungsbereich.

INTERESSANT Aufgrund ihres ameisenähnlichen Aussehens werden Schillerspinnen nicht so gerne von Vögeln gefressen, da Ameisen schlecht genießbar sind.

Weibchen mit Eikokon →

Schwarzspinne

Zelotes subterraneus

Länge Weibchen 6–9 mm, Männchen 5–6 mm
Merkmale Eine schlanke, braunschwarz oder tiefschwarz gefärbte Spinne. Lediglich die Füße sind etwas heller.
Lebensweise Den Tag verbringt die Spinne in einem zarten Gespinstsack unter Steinen. Nachts geht sie auf die Jagd, dabei bewegt sie sich schnell und wechselt immer wieder ruckartig die Richtung. Der rosafarbene Eikokon wird unter Steinen abgelegt.
Vorkommen Bewohnt eine Vielzahl unterschiedlicher Lebensräume, z. B. Wälder, Moore, Heidegebiete und Berghänge.

→ INTERESSANT In dieser Gattung gibt es zahlreiche Arten, die sich sehr ähnlich sehen und sich nur anhand der Fortpflanzungsorgane voneinander unterscheiden lassen.

Der Eikokon wird vom Weibchen vehement verteidigt →

Nosferatu-Spinne

Zoropsis spinimana

Länge Weibchen 10–19 mm, Männchen 10–13 mm
Merkmale Diese gelbbraune Spinne fällt durch ihre besondere Zeichnung auf. Auf dem Vorderkörper kann man das Gesicht eines Vampirs („Nosferatu") erkennen. Vorne auf dem Hinterleib befindet sich ein dunkles Längsband. Die Beine sind geringelt.
Lebensweise Die Nosferatu-Spinne lauert auf vorbeikommende Beutetiere, die sie packt, wenn sie sich nähern. Dabei überwältigt sie auch große Spinnen, z. B. Winkelspinnen.
Vorkommen Ursprünglich Mittelmeergebiet, doch seit einigen Jahren breitet sich die Spinne in Deutschland aus. Meistens findet man sie in Häusern.

→ **INTERESSANT** **Wird die Spinne zu sehr bedrängt, kann sie auch beißen und die menschliche Haut durchdringen. Der Biss ähnelt in der Schwere einem leichten Bienenstich.**

Die hinteren 4 Augen bilden ein „V“

Stachelbein

Zora spinimana

Länge 5–7 mm
Merkmale Gelbbraune Spinne mit 2 Längsbinden auf dem Vorderkörper. Die Beine werden zu den Spitzen hin immer dunkler. Die ersten beiden Beinpaare tragen auf der Unterseite mehrere stachelartige Haare.
Lebensweise Die Spinne geht tagsüber auf Gräsern und anderen Pflanzen auf die Jagd nach kleinen Insekten. Dabei bleibt sie meist unter der Vegetation und meidet das direkte Sonnenlicht.
Vorkommen In vielen unbewaldeten Lebensräumen mit ausreichender Bodenvegetation.

→ INTERESSANT Beim Beutefang werden die Stachelhaare an den Unterseiten der Vorderbeine hydraulisch aufgestellt. Sie dienen dann als Fangkorb.

Männchen mit ausgeprägter Zeichnung auf dem Vorderkörper →

Spinnenfresser

Ero furcata

Länge 3–4 mm
Merkmale Auf dem kugeligen Hinterleib sind 2 kleine stumpfe Höcker zu erkennen und auf dem Vorderkörper mehr oder weniger deutlich ein schwarzer Mittelstrich und 2 kurze Seitenstreifen.
Lebensweise Diese Spinne frisst ausschließlich Spinnen. Sie sucht ein Spinnennetz auf – bevorzugt das einer Kugelspinne – und zupft an den Fäden. So imitiert sie ein Beutetier und lockt die Netzbesitzerin an. Nach einem kurzen Biss ins Bein stirbt das Opfer und wird vom Spinnenfresser ausgesaugt.
Vorkommen Bewohnt vielfältige Lebensräume von Wiesen bis zu Nadelwäldern.

INTERESSANT **Der Spinnenfresser baut einen sehr typischen Eikokon. Dabei hängt er den eiförmigen Kokon an einem 12–15 mm langen Fadenstrang auf.**

Die Stirn ist hoch und etwas zugespitzt →

Pracht-Luchsspinne

Oxyopes ramosus

Länge Weibchen 6–10 mm, Männchen 6 mm
Merkmale Bei dieser rotbraunen Spinne fallen besonders die langen spitzen Stacheln an den Beinen auf. Über den ganzen Körper verläuft ein helles Band, von dem immer wieder dünne helle Streifen abzweigen.
Lebensweise Die Luchsspinne geht in der niedrigen Vegetation auf Beutefang. Dabei pirscht sie sich vorsichtig an und überwältigt ihre Beute im Sprung. Im Sommer baut das Weibchen einen flachen Eikokon, den es auch bewacht.
Vorkommen Warme sonnige Gebiete, bevorzugt Gegenden mit Sandboden.

→ **INTERESSANT Die Familie der Luchsspinnen ist vor allem in den Tropen mit zahlreichen, teilweise sehr bunten Arten verbreitet. In Deutschland kommen nur 3 Arten vor.**

Register

Bildnachweis

Fotos von: **Balodis** (1): 101 groß; **Bellmann/Hecker** (132): 5 beide, 6 klein, 7 klein, 10 groß, 11 groß, 12, 14 groß, 15 beide, 17 beide, 19 beide, 20 beide, 22 beide, 23 beide, 24 klein, 27 li., 29 groß, 31 beide, 33 li., 34 beide, 35 beide, 36 beide, 37 beide, 38 beide, 40 groß, 41 beide, 42 beide, 44 groß, 45 groß, 46 beide, 47 groß, 49 groß, 50 beide, 51 beide, 52 groß, 53 beide, 54 beide, 55 beide, 56 beide, 57 beide, 58 klein, 59 beide, 60, 61 beide, 62 groß, 63 re., 64 klein, 65 re., 66 beide, 67 groß, 68 klein, 69 klein, 70 klein, 71 groß, 72 beide, 73 beide, 74 re., 75 beide, 76 klein, 77 beide, 78 klein, 79 groß, 80 beide, 81 beide, 83 beide, 84 klein, 85 beide, 86 beide, 87 beide, 88 groß, 89 beide, 90 beide, 91 klein, 92 beide, 93 beide, 94 groß, 95 beide, 96 beide, 97 beide, 98 beide, 99 klein, 101 klein, 102 beide, 103 groß, 104 beide, 105 beide; **Blickwinkel über Hecker/Schulte** (1): 45 klein; **Bosselaers** (1): 47 klein; **Eichler**(1): 40 klein; **Hecker** (57): 4 beide, 6 groß, 7 groß, 8 li., 9 re., 10 klein, 13 beide, 14 klein, 16 beide, 18 beide, 21 beide, 24 groß, 25 beide, 26 beide, 27 re., 28 beide, 29 klein, 30 beide, 32 beide, 33 re., 39 beide, 43 beide, 48 beide, 52 klein, 58 groß, 62 klein, 63 li., 64 groß, 65 li., 67 klein, 68 groß, 69 groß, 70 groß, 71 klein, 74 li., 76 groß, 78 groß, 79 klein, 82 beide, 84 groß, 88 klein, 91 groß, 99 groß; **König** (1): 94 klein; **Sauer/Hecker** (7): 8 re., 9 li., 44 klein, 49 klein, 100 beide, 103 klein; **Tschuch** (1): 11 klein.

Illustrationen von **Shutterstock** (2): vordere Umschlagklappe innen links und rechts oben); **Stefanie Wawer** (4): vordere Umschlagklappe innen links unten, S. 2, S. 3 oben und unten; **Johannes-Christian Rost/Kosmos** (2): S. 112, hintere Umschlagklappe innen links und **Wolfgang Lang** (8): hintere Umschlagklappe innen rechts.

Impressum

Umschlaggestaltung von GRAMISCI Editorial Design (Claudia Geffert), München, unter Verwendung eines Fotos von Stocksy (c) Amir Kaljicovic.

Die Fotos auf der Umschlagklappe vorne außen und das Foto auf der Umschlagklappe vorne innen links stammen aus dem Innenteil.

Mit 202 Farbfotos und 16 Illustrationen.

ISBN 978-3-440-17687-0
Projektleitung: Claudia Salata
Redaktion und Satz: Barbara Kiesewetter, Redaktionsbüro, München
Produktion: Markus Schärtlein
Gestaltungskonzept: GRAMISCI Editorial Design (Claudia Geffert), München
Druck und Bindung: Friedrich Pustet GmbH & Co. KG, Regensburg
Printed in Germany / Imprimé en Allemagne

Was heißt wie an einer Spinne?

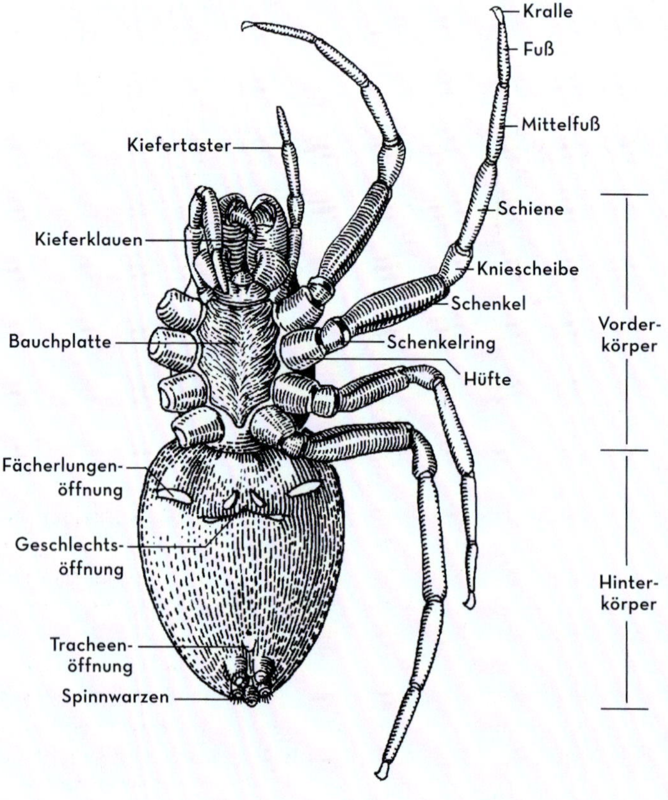